污水处理 PPP 项目实施方案编制实务

王雁然　朱立冬　方　俊　主编

武汉理工大学出版社

编写人员名单

主　编　王雁然　鼎正工程咨询股份有限公司
　　　　朱立冬　鼎正工程咨询股份有限公司
　　　　方　俊　武汉理工大学政府和社会资本合作研究中心
参　编（排名不分先后）
　　　　王海莲　鼎正工程咨询股份有限公司
　　　　余国秋　鼎正工程咨询股份有限公司
　　　　皮江燕　鼎正工程咨询股份有限公司
　　　　李红兵　武汉理工大学政府和社会资本合作研究中心
　　　　李英攀　武汉理工大学政府和社会资本合作研究中心
　　　　龚婧媛　武汉理工大学政府和社会资本合作研究中心
　　　　范思媛　武汉理工大学政府和社会资本合作研究中心
　　　　官艺园　武汉理工大学政府和社会资本合作研究中心
　　　　黄　静　武汉理工大学政府和社会资本合作研究中心
　　　　张　瑀　武汉理工大学政府和社会资本合作研究中心
　　　　吴以帆　武汉理工大学政府和社会资本合作研究中心
　　　　刘旭堃　武汉理工大学政府和社会资本合作研究中心
　　　　段少婧　武汉理工大学政府和社会资本合作研究中心

前　言

1.实施方案编制目的

作为污染防治攻坚战的重要领域之一,我国水污染防治正进入攻坚期。为此各地近期正加快出台水污染防治攻坚路线图,同时强化水污染防治考核和督查工作。在《水污染防治行动计划》(即"水十条")等相关政策持续加压以及中央环保督察工作的扎实开展下,各地在全力打好水污染防治攻坚战的同时,也加快了水环境综合治理工作的开展。随着各地水污染防治工作全面推进和水污染督查和考核的执行,将会带来水环境治理市场需求的快速释放,以改善水环境、恢复水生态治理为主的系统性治理将逐步成为未来市场的发展趋势。

根据前瞻产业研究院发布的《水务行业市场前瞻与投资战略规划分析报告》数据显示,2009—2016年,中国水务行业投资额总体呈上升趋势,其中 2009 年中国水务市场的年度投资额达到 1740.17 亿元。2016 年,我国水务行业年度投资额已达到 4266.69 亿元,为最近几年的最高值。该机构预计,2017—2022年我国水务行业年度投资额会继续走高,保持高速增长态势,到 2022 年将达到 7117 亿元。

在此背景下,为了加大污水治理的力度,鼓励民营资本参与污水处理项目,减轻政府的财政压力,我国水务项目运营模式正逐渐向 PPP 模式转换。自 2017 年以来,国家相继出台政策重点推进水务建设的 PPP 模式,以吸纳更多的民营企业参与到公共建设项目的前期工作中。目前,我国城市地区水务资产多为国营事业单位或由国资控股企业专职运营,而地方政府的财政压力又在一定程度上限制了市场扩张。运用 PPP 模式可以使部分优质水务资产有望通过出售部分股权或托管运营的方式,引入社会力量合作经营,逐步走向市场化,而市场化进程的加快又将带来处理率和市场空间的双向向上增长。针对 PPP 模式在污水处理项目实施过程中出现的问题,通过编写污水处理 PPP 项目实施方案编制实务,以期提供相应的解决方案和指导意见。

2.实施方案编制原则

(1)保护公众利益

所谓公众是指在 PPP 项目实施过程中受其直接影响,处于合同体系之外的第三方,包括自然人、社会团体和企事业单位等。鉴于 PPP 项目自身所具有的公共产品属性和垄断性等特征,决定了其不可避免地与公众利益产生广泛而密切的联系,一旦公众利益受到侵害极易引发社会矛盾与冲突,进而造成消极的社会影响。因此,实施方案的编制需要始终坚持以满足公众需求为出发点,以维护公共利益为落脚点,努力克服合作双方因实施污水处理 PPP 项目对公众所造成的干扰,推动政府部门正确履行职责,加强有效监管,通过构建系统科学的风险分担机制确保项目风险处于可控状态,实现风险的合理分配,最大程度减少风险损失。

（2）遵守法律法规

稳定良好的法律环境是提高 PPP 项目融资效率、化解 PPP 项目运营风险、激发 PPP 项目发展潜力、增强 PPP 项目合作互信的重要支撑。在基础设施和公用事业领域开放力度逐渐加大的背景下，依托完善的法律支撑能够为社会资本创造平等竞争的机会。因此，为确保污水处理 PPP 项目的成功实施，实施方案的编制必须紧紧围绕政策法规有序开展，一方面要准确界定政府和社会资本双方合作的边界条件，对其履约行为作出必要的约束，理顺政企关系，推进污水处理 PPP 项目的规范发展；另一方面要按照国家相关部委适时发布的政策方针，保证污水处理 PPP 项目方案设计上的灵活性，为政府和社会资本双方合作提出创新性解决方案营造弹性空间。

（3）明确权利义务

PPP 模式的实质是政府与社会资本以特许权协议的形式，对彼此所享有的权利和所需承担的义务进行确定的过程。政府和社会资本的权利义务分配是否合理，从微观角度来说，关系到双方的合作能否顺利进行；从宏观角度来说，决定了基于 PPP 模式所构建的公共服务提供机制能否达到效率最优。为了避免政府部门行政优先权的滥用，保障社会资本方的合法权益，充分发挥其在资金、技术、管理、运营维护等方面所具有的优势，在实施方案的编制中对参与污水处理 PPP 项目双方的权利义务配置应作出进一步优化，为降低公共服务成本，提高公共服务绩效，实现政府和社会资本双方的优势互补与利益共享创造有利条件。

（4）遵循客观规律

污水处理 PPP 项目成功的关键在于采用 PPP 模式吸纳市场专业力量，高效解决污水处理所面临的资金、技术、管理难题，促进城镇污水处理及资源化利用、农村污水处理、河湖库水体治理等项目统一打包、整体优化、统筹实施、一体化经营管理。与其他行业 PPP 项目不同的是，污水处理 PPP 项目对项目选址、水质检测、环境保护等方面提出了更高的要求。对于实施方案的编制要牢牢把握一切从实际出发的基本点，充分遵循客观规律，既要从整体上考察 PPP 项目所具有的共性特点，又要着重分析污水处理 PPP 项目所体现的行业特征，将二者有机结合起来统筹考虑，因地制宜，实事求是，紧扣行业发展方向，提出符合项目实际情况，具有高度可行性、客观性、针对性的行动指南。

3.实施方案编制依据

（一）法律法规

（1）《中华人民共和国公司法》；

（2）《中华人民共和国环境保护法》；

（3）《中华人民共和国预算法》；

（4）《中华人民共和国政府采购法》；

（5）《中华人民共和国合同法》；

（6）《中华人民共和国招标投标法》；

（7）《中华人民共和国企业所得税法》；

（8）《中华人民共和国水污染防治法》；

（9）《中华人民共和国城乡规划法》；

（10）《中华人民共和国政府采购法实施条例》；

（11）《中华人民共和国招标投标法实施条例》；

（12）《中华人民共和国企业所得税法实施条例》；

（13）《城镇排水与污水处理条例》。

（二）国务院文件

（1）《中华人民共和国城市维护建设税暂行条例》（国发〔1985〕19号）；

（2）《国务院关于加强地方政府性债务管理的意见》（国发〔2014〕43号）；

（3）《国务院关于深化预算管理制度改革的决定》（国发〔2014〕45号）；

（4）《国务院关于创新重点领域投融资机制鼓励社会投资的指导意见》（国发〔2014〕60号）；

（5）《国务院关于印发水污染防治行动计划的通知》（国发〔2015〕17号）；

（6）《国务院关于调整和完善固定资产投资项目资本金制度的通知》（国发〔2015〕51号）；

（7）《国务院办公厅转发财政部发展改革委人民银行关于在公共服务领域推广政府和社会资本合作模式指导意见的通知》（国办发〔2015〕42号）；

（8）《中共中央国务院关于加快推进生态文明建设的意见》（中发〔2015〕12号）；

（9）《国务院办公厅关于创新农村基础设施投融资体制机制的指导意见》（国办发〔2017〕17号）；

（10）《国务院办公厅关于进一步激发社会领域投资活力的意见》（国办发〔2017〕21号）。

（三）部门规章及文件

（1）《政府采购非招标采购方式管理办法》（中华人民共和国财政部令第74号）；

（2）《政府和社会资本合作项目通用合同指南》（2014年版）；

（3）《关于开展政府和社会资本合作的指导意见》（发改投资〔2014〕2724号）；

（4）《基础设施和公用事业特许经营管理办法》（六部委令第25号）；

（5）《关于推广运用政府和社会资本合作模式有关问题的通知》（财金〔2014〕76号）；

（6）《财政部关于印发〈政府和社会资本合作模式操作指南（试行）〉的通知》（财金〔2014〕113号）；

（7）《关于印发〈污水处理费征收使用管理办法〉的通知》（财税〔2014〕151号）；

（8）《关于规范政府和社会资本合作合同管理工作的通知》（财金〔2014〕156号）；

（9）《财政部关于印发〈政府采购竞争性磋商采购方式管理暂行办法〉的通知》（财库〔2014〕214号）；

（10）《财政部关于印发〈政府和社会资本合作项目政府采购管理办法〉的通知》（财库〔2014〕215号）；

（11）《财政部关于印发〈政府和社会资本合作项目财政承受能力论证指引〉的通知》（财金〔2015〕21号）；

（12）《关于印发〈PPP物有所值评价指引（试行）〉的通知》（财金〔2015〕167号）；

（13）《财政部关于政府采购竞争性磋商采购方式管理暂行办法有关问题的补充通知》（财库〔2015〕124号）；

（14）《关于进一步共同做好政府和社会资本合作（PPP）有关工作的通知》（财金〔2016〕32号）；

（15）《财政部 国家税务总局关于全面推开营业税改征增值税试点的通知》（财税〔2016〕36号）；

（16）《关于在公共服务领域深入推进政府和社会资本合作工作的通知》（财金〔2016〕90 号）；

（17）《关于印发〈政府和社会资本合作项目财政管理暂行办法〉的通知》（财金〔2016〕92 号）；

（18）《关于印发〈财政部政府和社会资本合作（PPP）专家库管理办法〉的通知》（财金〔2016〕144 号）；

（19）《关于规范土地储备和资金管理等相关问题的通知》（财综〔2016〕4 号）；

（20）《关于进一步加强政府采购需求和履约验收管理的指导意见》（财库〔2016〕205 号）；

（21）《关于印发〈基本建设项目建设成本管理规定〉的通知》（财建〔2016〕504 号）；

（22）《关于印发〈新增地方政府债务限额分配管理暂行办法〉的通知》（财预〔2017〕35 号）；

（23）《关于进一步规范地方政府举债融资行为的通知》（财预〔2017〕50 号）；

（24）《财政部关于坚决制止地方以政府购买服务名义违法违规融资的通知》（财预〔2017〕87 号）；

（25）《关于组织开展第四批政府和社会资本合作示范项目申报筛选工作的通知》（财金〔2017〕76 号）；

（26）《关于政府参与的污水、垃圾处理项目全面实施 PPP 模式的通知》（财建〔2017〕455 号）。

（四）地方性法规及文件

（1）《四川省人民政府办公厅关于推行环境污染第三方治理的实施意见》（川办发〔2015〕102 号）；

（2）《云南省人民政府办公厅关于在公共服务领域深入推进政府和社会资本合作工作的通知》（云政办发〔2017〕91 号）；

（3）《安徽省人民政府办公厅关于印发安徽省支持政府和社会资本合作（PPP）若干政策的通知》（皖政办〔2017〕71 号）；

（4）《关于切实做好全省住建领域政府与社会资本合作（PPP）有关工作的通知》（鄂建文〔2017〕60 号）；

（5）《关于开展政府和社会资本合作（PPP）"规范管理年"活动的实施意见》（鲁财金〔2018〕21 号）；

（6）《省人民政府关于全面推进乡镇生活污水治理工作的意见》（鄂政发〔2017〕6 号）；

（7）《关于印发〈湖北省乡镇生活污水治理工作指南〉的通知》（鄂建文〔2017〕21 号）；

（8）《关于开展运用 PPP 模式推进城乡供排水一体化建设试点的通知》（鄂发改经合〔2017〕147 号）；

（9）《省人民政府关于在公共服务领域推广运用政府和社会资本合作模式的实施意见》（鄂政发〔2015〕55 号）。

（五）项目相关资料

（1）《崇阳县乡镇生活污水处理项目可行性研究报告》；

（2）《巴林右旗大板镇第二污水处理厂及配套管网工程建设项目可行性研究报告》。

（六）其他参考资料

（1）《企业会计准则（2017 年版）》；

（2）《水务行业市场前瞻与投资战略规划分析报告》；

（3）国家发改委、建设部《建设项目经济评价方法与参数》（第三版）；

（4）《崇阳县城市总体规划（2015—2030）》；

（5）《赤峰市巴林右旗城市总体规划（2015—2030）》。

目　　录

第1章　项目概况

1.1　污水处理 PPP 项目实施背景和意义

1.1.1　污水处理 PPP 项目实施背景

水务工程项目是我国城乡基础设施建设的重要组成部分,水污染治理已经成为当前生态文明建设亟需破解的重大难题。为了克服污水处理项目传统投资模式中政府资金短缺、风险集中等弊端,PPP模式作为水务基础设施建设的一种新模式应运而生。从国家到地方陆续出台了一系列政策法规文件,为我国污水处理项目采用 PPP 模式提供了实施指南。

（1）国家层面

2015 年 4 月 16 日,国务院印发《国务院关于印发水污染防治行动计划的通知》(国发〔2015〕17 号),提出:"促进多元融资;引导社会资本投入;积极推动设立融资担保基金,推进环保设备融资租赁业务发展;推广股权、项目收益权、特许经营权、排污权等质押融资担保。采取环境绩效合同服务、授予开发经营权益等方式,鼓励社会资本加大水环境保护投入。"同时要求"到 2020 年,全国所有县城和重点镇具备污水收集处理能力,县城、城市污水处理率分别达到 85%、95%左右"。2015 年 9 月 21 日,国务院出台《生态文明体制改革总体方案》,提出"能由政府和社会资本合作开展的环境治理和生态保护事务,都可以吸引社会资本参与建设和运营。通过政府购买服务等方式,加大对环境污染第三方治理的支持力度"。2016 年 11 月 24 日,国务院出台《"十三五"生态环境保护规划》,提出"加快环境治理市场主体培育,探索环境治理项目与经营开发项目组合开发模式,健全社会资本投资环境治理回报机制"。2016 年10 月 12 日,财政部发布《关于在公共服务领域深入推进政府和社会资本合作工作的通知》(财金〔2016〕90 号),要求"在垃圾处理、污水处理等公共服务领域,项目一般有现金流,市场化程度较高,PPP 模式运用较为广泛,操作相对成熟,各地新建项目要'强制'应用 PPP 模式,中央财政将逐步减少并取消专项建设资金补助"。2017 年 7 月 18 日,财政部、住房和城乡建设部、农业部和环保部联合发布《关于政府参与的污水、垃圾处理项目全面实施 PPP 模式的通知》(财建〔2017〕455 号),要求"政府以货币、实物、权益等各类资产参与,或以公共部门身份通过其他形式介入项目风险分担或利益分配机制,且财政可承受能力论证及物有所值评价通过的各类污水、垃圾处理领域项目,全面实施 PPP 模式"。

（2）地方层面

2015 年 12 月 11 日,四川省人民政府办公厅印发《四川省人民政府办公厅关于推行环境污染第三方治理的实施意见》(川办发〔2015〕102 号),提出"鼓励社会资本采取合资合作、混合所有制、资产收购等方式,参与城镇污水、垃圾处理设施建设和运营。鼓励采取打捆方式,引入第三方进行整体式设计、模块化建设、一体化运营"。2017 年 9 月 5 日,云南省人民政府办公厅印发《云南省人民政府办公厅关于在公共服务领域深入推进政府和社会资本合作工作的通知》(云政办发〔2017〕91 号),要求"在垃圾处理、污水处理等有现金流、市场化程度较高、操作相对成熟、PPP 模式运用较为广泛的公共服务领域,各级行业主管部门要探索以县级为单位,对新建项目'强制'运用 PPP 模式"。2017 年 9 月 19 日,安徽省人民政府办公厅印发《安徽省人民政府办公厅关于印发安徽省支持政府和社会资本合作(PPP)若干政策的通知》(皖政办〔2017〕71 号),提出"推进市县、乡镇和村级污水收集和处理、垃圾处理项目按行业'打包'投资和运营,鼓励实行城乡供水一体化、厂网一体投资和运营。鼓励采取 PPP 方式实施城市黑臭水体整治和后期养护,建立以整治和养护绩效为主要依据的服务费用拨付机制"。2017 年 9 月 27 日,湖北省住建厅印发《关于切实做好全省住建领域政府与社会资本合作(PPP)有关工作的通知》(鄂建文〔2017〕60 号),要求"在城乡污水处理、垃圾处理、地下综合管廊、海绵城市建设、市政道路、市政广场、公共停车场、园林等市政公用行业,以及保障性安居工程建设、特色小镇建设和智慧城市建设等行业加大 PPP 模式的推进力度,进一步加强协调配合,形成政策合力,确保组织高效、精准发力,推动政府与社会资本合作工作在住建领域顺利开展"。2018 年 4 月 11 日,山东省财政厅印发《关于开展政府和社会资本合作(PPP)"规范管理年"活动的实施意见》(鲁财金〔2018〕21 号),要求"积极拓宽民间资本进入的行业和领域,进一步消除制约民间投资增长的体制性障碍,在垃圾处理、污水处理新建项目全面实施 PPP 模式的基础上,对供热、供水、养老服务等有现金流、市场化程度较高的公共服务领域,加大 PPP 模式应用力度,拓展民间资本参与空间"。

由此可见,国家不仅对污水处理行业的发展提出了非常明确的要求,而且在鼓励和引导的同时,对我国各地污水处理项目全面实施 PPP 模式的推进也作出了进一步规范,为未来我国污水处理行业中 PPP 模式的良性发展指明了方向。此外,我国目前部分地区城乡污水的排放仍然处于较为无序的状态,污水处理设施及配套管网建设滞后,生活污水和工业废水的随意排放导致当地地表水污染严重,部分污水均漫流排入或直接排入附近水体,对当地水质也造成了极为不良的影响,水体环境的日益恶化已经严重威胁到当地居民的生产生活乃至生命安全,亟需采取科学举措综合整治水污染的问题。

1.1.2 污水处理 PPP 项目实施意义

(1)运用和推广 PPP 模式,是促进城乡经济转型升级、支持新型城镇化建设的重要途径

政府通过采用 PPP 模式向社会资本开放以污水处理项目为代表的基础设施和公共服务项目建设,可以拓宽融资渠道,形成多元化、可持续的资金投入机制,有利于整合社会资源,盘活水务存量资本,激发民间投资活力,拓展企业发展空间,提升经济增长动力,促进经济结构调整和转型升级。

(2)运用和推广 PPP 模式,是加快政府职能转变、提升政府治理能力的重要机遇

PPP 模式的规范运作能够将政府的发展规划、市场监管、公共服务职能,与社会资本的管理效率、技术创新动力有机结合,减少政府对微观事务的过度参与,提高服务的效率与质量。PPP 模式要求平等参与、公开透明,政府和社会资本按照合同办事,有利于简政放权,更好地实现政府职能转变,弘扬契约文化,体现现代国家治理理念。

(3)运用和推广 PPP 模式,是深化城乡财税体制改革、构建现代财政制度的重要内容

根据财税体制改革要求,现代财政制度的重要内容之一是建立跨年度预算平衡机制、实行中期财政规划管理、编制完整体现政府资产负债状况的综合财务报告等。PPP 模式的实质是政府购买服务，既减轻当期政府财政压力，又从以往单一年度的预算收支管理，逐步转向强化中长期财政规划，这与深化财税体制改革的方向和目标高度一致。

1.2　污水处理项目采用 PPP 模式的可行性和必要性

1.2.1　污水处理项目采用 PPP 模式的可行性

（1）项目收费定价机制透明

污水处理 PPP 项目收费机制一般采用政府付费中的按使用量付费原则，并辅以绩效付费机制，即如果项目公司提供的污水处理服务达到项目合同约定的出水标准，政府可依据污水处理厂实际处理量向项目公司付费。该付费定价机制透明，付费多少与实际处理量直接挂钩。通常政府与项目公司约定污水处理厂的最低处理量，在实际处理量低于最低处理量时，不论实际处理量多少，政府均按约定的最低处理量付费。此外，部分地区的自来水价格与水资源费分开计收，一方面促进了水资源的可持续利用，另一方面也增加了项目收费定价机制的透明度，为污水处理 PPP 项目的顺利开展创造了良好的政策环境。

（2）项目价格调整机制灵活

PPP 项目的调价方式比较灵活，主要包括公式调价、基准比价机制和市场测试机制三种方式。由于公式调价操作简单且便于设计和执行，因此，在 PPP 项目的实操过程中往往以公式调价为主，基准比价机制和市场测试机制的应用相对较少。对于污水处理 PPP 项目来讲，其调价机制一般采用价格调整系数进行调整，以反映成本变动等因素对污水处理价格的影响。调整系数一般包含如下因素：电价、社会平均工资水平、药剂费用、污泥处置费用、修理维护费用、摊销费用、管理费用、财务费用等。上述因素的数值获取直观便捷，因此价格调整机制比较灵活。

（3）项目具有一定的现金流

污水处理厂以及配套管网建成以后，项目公司可以向政府收取污水处理服务费和管网运营维护费，这使污水处理 PPP 项目能够获得稳定的现金流。2015 年 1 月，国家发展改革委、财政部、住房和城乡建设部联合发布的《关于制定和调整污水处理收费标准等有关问题的通知》（发改价格〔2015〕119 号）就合理制定和调整污水处理收费标准、加大污水处理收费力度作出了明确规定，要求收费标准应补偿污水处理和污泥处置设施的运营成本并合理盈利，同时各地可结合水污染防治形势和当地经济社会发展水平，制定差别化的污水处理收费标准，此举更增加了污水处理 PPP 项目的可经营性。

（4）项目具有一定的吸引力

就地方政府而言，政府资本参股项目公司可能从更加高效的项目公司获取利润，实现财政资金的"物有所值"。就社会资本而言，项目公司通过处理生活污水而向政府收取污水处理服务费来弥补项目运营成本、还本付息、收回投资并实现合理的收益，也能实现社会资本投资经营的"物有所值"。就社会公众而言，可以使城乡区域内因污水超标排放造成的环境污染现状得到改善，生活环境质量得到提升，并积极带动地区经济结构调整和产业转型升级，体现污水处理 PPP 项目所蕴含的广泛的经济效益和社会效益,使社会公众切实感受到项目实施的"物有所值"。

1.2.2 污水处理项目采用 PPP 模式的必要性

(1)深化经济体制改革,助推社会资本发展的需要

经济体制改革的核心问题是处理好政府和市场的关系,发挥市场在资源配置中的决定性作用。与传统政府采购模式相比,在污水处理项目中运用 PPP 模式能够充分释放市场活力,利用市场机制倒逼水价改革,逐步完善污水处理费、排污费、水资源费等收费政策以及税收政策,利用收费和税收杠杆实现资源的合理配置,加快建立水污染治理的激励机制,在解决政府融资问题的同时打破污水处理行业的准入限制,破除民间资本进入公共服务领域的"玻璃门"、"弹簧门"和"旋转门",激发民间投资活力,拓展污水处理企业的发展空间。

(2)加快政府职能转变的需要

采用 PPP 模式增强公共产品供给能力是贯彻落实"稳增长、促改革、调结构、补短板、惠民生、防风险"精神的直观体现,污水处理 PPP 项目的实施与推广,要求政府部门在与社会资本的合作中,一方面要遵守市场原则和契约精神,切实履行义务并承担相应风险;另一方面在加强项目筛选和评估的同时,通过建立基于绩效的考核机制,推动政府部门由公共服务和公共产品的提供者向社会资本的合作者以及 PPP 项目的监管者转变,减少微观事务的直接干预,强化宏观战略的统筹规划,这是着力解决政府职能缺位、错位和越位问题的重要手段。

(3)平滑政府财政支出,防范化解政府债务的需要

污水处理项目前期投资巨大,建设周期冗长,不确定性因素众多,政府部门面对地方城镇化建设和基础设施建设与国家收紧地方政府债务规模之间的矛盾,通过 PPP 模式引入社会资本参与项目建设,是实现投资主体与融资渠道多元化、财政投入与管理方式创新的必然举措。政府部门将短期建设支出转化为基于污水处理量的政府付费,以运营补贴的方式作为购买公共服务的支付对价,不仅可以极大地减轻当期财政压力,而且可以平滑年度间财政支出波动,进而有效防范和化解政府性债务风险,提高政府财政资金利用率和使用效益,加快城市公共服务设施建设。

(4)优化项目风险分配,提升公共服务效能的需要

与传统融资模式的风险管理不同,污水处理 PPP 项目的风险管理需要政府和社会资本双方从项目全生命周期的角度,对风险管理流程进行设计和优化,根据"激励相容,风险共担"的原则,结合机制设计和合同约定对项目风险进行准确识别和合理分配,从而营造公平公正的合作氛围和运营环境。政府部门采取竞争性采购方式,选择具有融资能力和运维经验的社会资本方参与污水处理 PPP 项目建设,促进社会资本方综合考虑项目的设计方案、投融资方案、建设方案以及运维成本,可以提高项目建设效率与运营质量,降低全生命周期成本,更好地保障和改善民生。

1.3 污水处理 PPP 项目基本情况

1.3.1 项目区位条件

污水处理 PPP 项目的区位条件主要从自然因素和社会因素两个方面来考虑,对于自然因素而言,

需要侧重分析污水处理厂以及配套管网等污水处理设施在项目区域内施工的自然条件;对于社会因素而言,则需侧重分析污水处理 PPP 项目整体建设和运营的社会条件。

(1)自然因素

① 地质条件

污水处理厂的选址首先要对拟选方案进行初步工程地质评价,良好的工程地质条件包括土质水质、地基承载力、地下水位等因素,可为工程的设计、施工、管理等创造有利条件。倘若选址无法满足工程地质条件的要求,则不再予以考虑。

② 气候条件

污水处理厂的选址应充分考虑气候因素引起的水量季节性变动,依据实地调查统计数据确定处理规模。当必须在雨季较长且容易受洪水威胁的地区建厂时,应采取有效的防洪措施,防洪标准不低于城镇防洪标准。结合我国大部分地区的气候特点,污水处理厂一般设在城镇夏季主导风向的下风侧。

③ 地形条件

污水处理厂的选址应设在地势较低处,以便于污水自流入厂,同时应位于城镇水体下游的某一区段,污水经处理达标后排入该河段,对该水体上、下游水源的影响最小。当污水处理厂由于某些原因不能设在城镇水体的下游时,出水口应设在城镇水体的下游。

④ 水源条件

污水处理厂的运行需要消耗大量的水资源,甚至对水质和水温也有一定限制。因此,厂址必须靠近用水条件能够满足生产要求的水源。特别是处于产业园区的污水处理项目,需要注意工业用水与农业用水的协调平衡,建设的污水处理厂应尽量采用循环用水模式,以提高水资源利用率。

(2)社会因素

① 投资条件

与污水处理厂的建设相比,污水收集干管的投资要比厂区建设的投资更大,并且管网的布局和走向在一定程度上也受到厂址影响。因此,从优化投资的角度出发进行厂址比选时,还应考虑污水处理厂的选址对厂外截污干管布局的要求,系统分析以降低总体投资。

② 能源条件

污水处理厂的运行能耗较大,特别是对电力要求非常严格,必须连续供电才能保障污水处理的顺利运行。因此,厂址的选择一方面要考察电力供应的充分性和可靠性,另一方面要考虑项目区域的电力规划,尽量靠近电源位置,以减少能耗,节约设备投资。

③ 交通条件

污水处理厂的选址应综合考虑项目区域内的交通条件,包括交通运输成本、交通运输方式以及道路通行条件等,较高的道路通达度与便捷度能够确保污水处理的原材料供应和污染物转运处置的持续可靠,对于相关产业的协同发展具有重要经济意义。

④ 规划条件

污水处理厂的选址工作必须在城镇总体规划和排水工程规划的指导下进行,以保证总体社会效益、环境效益和经济效益。特殊情况下,还需要对污水处理厂扩建的可行性作出前瞻性评估,即厂址的区域面积不仅应考虑前期规划的需要,还要考察其是否满足不可预见的将来扩建的可能。

⑤ 环保条件

考虑到我国耕地少、人口多的实际状况,污水处理厂的选址应尽量少拆迁,少占农田,以便于污水处理项目早日获批建设。同时,根据环境评价要求,污水处理厂应与附近居民点之间设置卫生防护距离,并予以绿化,最大程度地减少环境污染。此外,还需确保排入的水体具有足够的环境容量。

1.3.2　项目建设内容

污水处理 PPP 项目的建设内容一般由各城镇的管网建设工程、管网改造工程、污水处理厂建设工程、存量污水处理厂改造工程等四个部分组成。其中污水管网的建设方案内容主要包括三点:一是管网覆盖范围(乡镇建成区及按实际需要拓展服务的邻近村庄面积、人口);二是供水排水现状调查(现状管网覆盖范围、布设平面图、管径及其长度、管材、建设年限、管网完好及淤堵情况、供水量、排水体制);三是管网新建及改造(排水体制的变化、管网材质的变化或更新;覆盖范围、布设平面图、管径及其长度与材质)。污水处理厂的建设方案内容主要包括四点:一是现状污水处理设施、水质水量调查及分析;二是新建处理厂站建设(厂址选择、设计水质水量、排放标准、工艺流程、核心单元的工艺特点、主要单元的关键工艺参数、污泥处理处置方案);三是存量污水处理厂站的改造(现有工艺流程及核心单元工艺、问题分析、拟改造的单元及改造方案;改造后的设计水质水量、排放标准、工艺流程、核心单元的工艺特点、主要单元的关键工艺参数、污泥处理处置方案);四是附属设施的建设(值班室、管理信息系统等)。

1.3.3　项目股权结构

对于污水处理 PPP 项目,政府需要评估社会资本的融资能力和运营能力来选择合适的社会资本参与项目,通过确定合理的股权比例使政府和社会资本的合作关系达到互利共赢。通过分析 PPP 项目公司股权结构可以作为社会资本在参与污水处理 PPP 项目不同阶段股权调整的依据。

依据财政部《PPP 项目合同指南(试行)》,政府在项目公司中的持股比例应当低于 50%,且不具有实际控制力及管理权。在实际操作过程中,政府出资形式较为灵活,可以直接以货币形式,或前期成本,或存量资产、土地等多种形式入股。

通常政府对一般性 PPP 项目入股比例较低(如 10% 或更少),对一些较为复杂的项目或重大民生项目入股比例较高(如 20%、35% 等),对于具体入股比例,政府要根据项目增信、监管等需求而定,也可以结合项目公司治理结构安排而定。污水处理 PPP 项目政府持股比例通常在 30% 以内。

此外,对于项目公司的注册资本,社会资本方往往从股东责任、股权转让成本、税收、退出风险等方面考虑,不愿将大笔资金作为注册资本注入项目公司。

从社会资本的立场来看,基于风险隔离及投资退出等考虑,往往倾向于设立项目公司进行投资,即设立多层级的投资结构,这意味着社会资本可以灵活选择在项目公司层面直接转让项目股权。因此,在 PPP 项目合同中,一般会将社会资本在项目公司中的股权变更均纳入限制范围。

在公司合并的情况下,社会资本可能会在存续公司或新设公司中出售股权或丧失控股权;在公司分立的情况下,社会资本可能会将项目资产剥离初期控股体系;在公司增资的情况下,社会资本可能以接受股权稀释的方式让渡项目控制权;在公司减资的情况下,社会资本可能通过定向减资实现退出。因此,PPP项目合同对于可能导致社会资本转移项目权益的合并、分立、增资、减资等资本事件同样关注。

1.3.4　项目主要产出

（1）公共产品

污水处理PPP项目所提供的公共产品一方面要满足污水处理厂进水水质控制指标和出水水质控制指标的要求,另一方面还要符合国家现行标准规范的要求。以赤壁市乡镇污水处理项目为例,根据该项目可行性研究报告和湖北省住建厅发布的《湖北省乡镇生活污水治理工作指南(试行)》,该项目污水进水水质标准如表1-1所示。

表 1-1　污水处理厂设计进水水质要求

主要指标	COD_{cr}	SS	BOD_5	氨氮	TP	TN
水质参数（mg/L）	≤260	≤200	≤130	≤30	≤5.0	≤40

该项目生活污水处理排放后排放标准执行《城镇污水处理厂污染物排放标准》(GB 18918—2002)中的一级A标准,具体如表1-2所示。

表 1-2　污水处理厂出水水质要求

主要指标	COD_{cr}	SS	BOD_5	氨氮	TP	TN
水质参数（mg/L）	≤50	≤10	≤10	≤5（8）	≤0.5	≤15

该项目提供的公共产品符合的国家现行标准规范包括但不限于以下标准,具体如表1-3所示。

表 1-3　相关技术标准规范

序号	名称	标准编号
1	村庄污水处理设施技术规程	CJJ/T 163—2011
2	镇（乡）村排水工程技术规程	CJJ 124—2008
3	城市污水处理厂运行、维护及其安装技术规程	CJJ 60—2011
4	埋地塑料排水管道工程技术规程	CJJ 143—2010
5	城镇污水处理厂运行监督管理技术规范	HJ 2038—2014
6	室外排水设计规范	GB 50014—2006
7	给水排水构筑物施工及验收规范	GB 50141—2008
8	给水排水管道工程施工及验收规范	GB 50268—2008
9	城市污水再生利用农田灌溉用水水质	GB 20922—2007
10	城市污水再生利用绿地灌溉水质	GB/T 25499—2010

（2）公共服务

污水处理PPP项目所提供的公共服务,从宏观角度来看主要是指为城市、乡镇的生活污水和工业废水提供高效环保、持续可靠的污水处理服务,从微观角度来看主要是指项目所包含的污水处理厂以及污水管网和雨水管网等配套附属设施的运营维护服务。在此基础之上根据国家现行法律法规和标准规范,结合各地污水处理PPP项目的实际情况对管网产出指标、进出水水质控制指标、污水处理设施运行标准、污泥处置标准和臭气排放标准作出妥善安排。

(3)社会效益

污水处理PPP项目的投产运行将大幅提高项目所在地的污水处理能力和污水处理效率,极大地减少城镇生活污水的直接排放和工业废水的超标排放,有效降低污水排放对当地水土资源造成的污染,从而显著改善当地的生态环境,美化当地居住和生活环境,可以取得非常可观的环境效益。同时以生态改良为先导,对优化当地投资环境也具有积极推动作用,有利于实现经济腾飞,推进物质文明和生态文明的高度统一与良性发展。

1.3.5 项目技术标准

(1)水域水质标准

江河、湖泊、水库等水域地面水环境质量执行《地表水环境质量标准》,具体如表1-4所示。

表1-4 地表水环境质量标准

标准名称	标准编号	发布时间	实施时间
地表水环境质量标准	GB 3838—2002	2002-04-28	2002-06-01

该标准按照地表水环境功能分类和保护目标,按功能高低依次划分为五类:

Ⅰ类主要适用于源头水、国家自然保护区;

Ⅱ类主要适用于集中式生活饮用水地表水源地一级保护区、珍稀水生生物栖息地、鱼虾类产卵场、仔稚幼鱼的索饵场等;

Ⅲ类主要适用于集中式生活饮用水地表水源地二级保护区、鱼虾类越冬场、洄游通道、水产养殖区等渔业水域及游泳区;

Ⅳ类主要适用于一般工业用水区及人体非直接接触的娱乐用水区;

Ⅴ类主要适用于农业用水区及一般景观要求水域。

该标准按上述地表水五类水域功能,规定了水环境质量应控制的项目及限值,以及水质评价、水质项目的分析方法和标准的实施与监督。

(2)污水处理厂出水排放标准

城镇污水处理厂出水、废气排放和污泥处置(控制)的污染物限值一律执行《城镇污水处理厂污染物排放标准》,具体如表1-5所示。

表1-5 城镇污水处理厂污染物排放标准

标准名称	标准编号	发布时间	实施时间
城镇污水处理厂污染物排放标准	GB 18918—2002	2002-12-24	2003-07-01

根据城镇污水处理厂排入地表水域环境功能和保护目标及污水处理厂的处理工艺,将基本控制项

目的常规污染物标准值分为一级标准、二级标准、三级标准。一级标准分为 A 标准和 B 标准,不同排放标准摘录部分主要指标如表 1-6 所示。

表 1-6 基本控制项目最高允许排放浓度(日均值,摘录) 单位:mg/L

序号	基本控制项目	一级标准		二级标准	三级标准
		A 标准	B 标准		
1	化学需氧量(COD)	50	60	100	120①
2	生化需氧量(BOD$_5$)	10	20	30	60①
3	悬浮物(SS)	10	20	30	50
4	总氮(以 N 计)	15	20	—	—
5	氨氮(以 N 计)②	5(8)	8(15)	25(30)	—
6	总磷(以 P 计)(2006 年 1 月 1 日起建设的)	0.5	1	3	5
7	pH 值	6~9			
8	粪大肠菌群数值(个/L)	10^3	10^4	10^4	—

注:① 下列情况下按去除率指标执行:当进水 COD > 350mg/L 时,去除率应大于 60%;BOD$_5$ >
160mg/L 时,去除率应大于 50%。

② 括号外数值为水温>12℃时的控制指标,括号内数值为水温≤12℃时的控制指标。

1.3.6 污水处理 PPP 项目存在的主要问题

(1)地区发展不同步,治理标准存在缺失

污水处理 PPP 项目所面临的挑战存在显著的地域特征,同各个地区经济发展状况、社会发展水平等因素密切相关。东部省份经济发达,人口密集,能够建设集中的污水处理厂和污水管网;中部省份已经开始建设集中的污水处理厂和污水管网,但接户率不高;西部地区经济发展水平相对较低,人口稀疏,地理环境和气候严酷,尚未具备建设污水处理厂和污水管网的条件。而部分地区缺乏运用 PPP 模式的实操经验,或难以吸引合适的社会资本参与建设和运营,导致项目建设缓慢或建成后闲置情况较为严重。此外,在农村污水治理领域中往往缺乏统一的治理标准,很多地方套用城市标准。但农村布局分散,规模较小,村镇人口流动性大,水量不稳定。如果按照城市污水处理项目的思路,约定基本水量作为最低水量进行费用支付,社会资本和地方政府都会面临较大风险。

(2)定价机制不科学,风险分担不尽合理

污水处理 PPP 项目付费机制设计中的一个关键问题是如何分配污水进水量不足的风险,政府方和社会资本方在这一点上的分歧主要体现在是否设置保底水量。如果在一定的年限内按照设计规模的一定比例设定保底水量,则将污水水量不足的风险全部转移给了政府;如果不设保底水量,而是要求使用者以单一水价的形式付费,使之与污水处理费刚性挂钩,这样就使社会资本方承担较大的风险。为规避风险,社会资本方提高水价的动机将更为强烈。此外,在较长的污水处理 PPP 项目周期内,污水价格会随各种因素的变动而变动。目前政府主要是通过对居民征收污水排放费来对污水处理厂进行适当补贴,补贴不到位极易引起污水处理厂经营不善、社会资本撤资等风险。

(3)竞价指标不明确,绩效考核缺少激励

污水处理 PPP 项目采购阶段的竞价指标种类繁多,主要分为费率指标和单价指标两类,前者包括投资回报率、内部收益率、合理利润率、融资利率和折现率等;后者包括污水处理服务费用单价和管网使用费单价等,五花八门的竞价指标在设置上增大了政府后期审核监管的难度。在污水处理 PPP 项目的实操过程中,可用性付费考核与运维绩效考核的分离也导致了对社会资本方约束的缺失,对于部分采用专项债券提前支付污水处理厂及配套污水管网建设投资的项目,如果社会资本方在前几年就已经回收全部或大部分建设投资,那么其对后期运营的重视程度便极有可能因为缺少经济激励而降低。

(4)配套设施不健全,项目产业链相对狭窄

污水处理 PPP 项目是一项宏大的系统性工程,其整体功能的发挥不仅依赖于污水处理厂的良好运行,还需要注重配套污水管网的建设,二者是相辅相成的关系。然而,我国部分城市在扩张过程中仍然缺乏科学性的统筹和前瞻性的规划,配套污水管网的建设严重滞后于污水处理厂的建设,致使其难以达到满负荷运行状态,造成污水处理设施资源的闲置与浪费。此外,产业链是衡量 PPP 项目价值链的重要指标。尽管水资源产业具有广阔的市场前景,但我国对该产业的开发深度和开发广度与国外相比仍有一定差距,单一的产业形式和过窄的产业链压缩了污水处理 PPP 项目盈利空间,不利于项目的良性发展。

第2章　风险分配基本框架

2.1　污水处理 PPP 项目风险因素特征

污水处理 PPP 项目风险是指在污水处理 PPP 项目全生命周期内可能发生的造成项目损失的不确定性,该不确定性会干扰项目融资、建设、运营、移交等各个环节的正常运转,导致项目受损甚至失败。污水处理 PPP 项目除了具有一般 PPP 项目普遍存在的客观性、潜在性、可测性、相对性和随机性等特征外,还呈现出阶段性、多样性和政策关联性等显著特征。

2.1.1　污水处理 PPP 项目风险的阶段性

根据项目发展的时间顺序,污水处理 PPP 项目风险表现出显著的阶段性。一方面,污水处理 PPP 项目的主要风险在决策、建设、运营和移交等不同阶段不断发生变化,其综合表现程度在决策期和建设期呈递增趋势,并在建设期结束后达到峰值,在运营期又开始出现递减;另一方面,针对污水处理 PPP 项目所具有的不同风险,有的风险存在于项目的各个阶段,有的风险仅存在于项目的某个或某几个阶段,例如设计和建设风险一般只出现在建设期,运营风险也只在运营期呈现,而金融风险和政策风险却贯穿于项目的全过程。因此,在设计风险分配框架和制定风险应对措施时,需要建立富有针对性的风险预警机制,对各个阶段的不同风险分别进行辨识,从而为污水处理 PPP 项目的成功运作提供保障。

2.1.2　污水处理 PPP 项目风险的多样性

污水处理 PPP 项目具有投资规模大、前期成本高、合作周期长、牵涉范围广、合同结构复杂等特点,所面临的不确定性因素众多,各种风险之间的联系也错综复杂。对于污水处理 PPP 项目而言,不仅包括一般 PPP 项目所涵盖的风险,还包括诸如水质变化风险、水量变化风险、污泥外运地点变化风险、污水处理标准变化风险等特有风险;其次,污水处理 PPP 项目时间跨度冗长,必然会受到政治、经济等外部条件影响,进而诱发大量的潜在风险;此外,污水处理 PPP 项目涉及多个利益主体,各个环节分别由不同的参与方负责完成,鉴于项目各参与方的期望收益及其表现形式和衡量方式存在差异,使得相同风险对不同参与方的作用形式也不尽相同。因此,牢牢把握项目风险存在的内在联系,并制定相应的应对措施,妥善处理不同风险之间的相互关系,是推动污水处理 PPP 项目有效运作的必要条件。

2.1.3　污水处理 PPP 项目风险的政策关联性

考虑到污水处理 PPP 项目具有一定的公益性,为确保其社会效益的实现而产生的一系列风险均由政府部门承担。然而,PPP 项目风险数量及风险程度的波动与政策制度的调整联系紧密,这是因为部分地方政府对其理解有限,缺乏必要的项目运作经验和能力,再加上前期准备不足和信息不对称等因素干扰,极易造成项目决策失误。同时,作为相对强势一方的政府部门,对项目态度的频繁转变将导致项目合同谈判时间过长,甚至单方面变更或终止合同,致使项目难以顺利开展,体现了政策风险对 PPP 项目成败的影响。为克服政策环境变化引发的不确定性因素,在污水处理 PPP 项目的实施过程中,社会资本要加强与政府部门的协商沟通,动态管控风险以期达到项目运作目标。

2.2　污水处理 PPP 项目风险因素识别

PPP 项目风险因素识别是指在 PPP 项目风险事件发生前,对其潜在的风险因素进行连续系统的认识和归类,深入考察和分析风险事件产生的原因。在识别污水处理 PPP 项目具体风险时,常用的方法包括专家调查法、初始清单法、分解分析法(项目结构分解识别法、风险因素分解识别法)、核查表法、图解法(因果分析图法、流程图法)等。污水处理 PPP 项目常见风险因素包括政治风险、法律风险、金融风险、环境风险、建设风险、运营风险、移交风险、信用风险、市场风险和不可抗力风险等。

2.2.1　政治风险

污水处理 PPP 项目的政治风险主要包括政策调整风险、项目审批风险、项目国有化风险、政府换届风险、政府干预风险、公众反对风险和土地获取风险等。

(1)政策调整风险

政策调整风险是指由于国家或地方政策调整,导致污水处理 PPP 项目的合规性、市场需求、服务收费、合同协议有效性等因素发生变化而引发的风险。

(2)项目审批风险

项目审批风险是指污水处理 PPP 项目的审批程序过于复杂,花费时间过长,成本过高,导致其没有通过审批或审批延误的风险。

(3)项目国有化风险

项目国有化风险是指由于某种政治原因或政策变化等原因而对污水处理 PPP 项目实行征用、没收等潜在的可能性。

(4)政府换届风险

政府换届风险是指由于政府换届影响政策连贯性和一致性,从而使政府对污水处理 PPP 项目的态度出现变化,导致项目难以顺利开展的风险。

(5)政府干预风险

政府干预风险是指政府通过行政权力,干预污水处理 PPP 项目的投资、建设、运营及设施维护等正常工作而引发的风险。

(6)公众反对风险

公众反对风险是指由于各种原因导致公众利益客观受损,或公众主观认为自身利益受损,而引起公众对污水处理 PPP 项目建设和运营产生抵触的风险。

(7)土地获取风险

土地获取风险是指由于法律法规和政策变化以及征地拆迁等原因导致污水处理 PPP 项目的正常

用地需求难以满足或无法按预定进度供应的风险。

2.2.2　法律风险

法律风险是指由于相关法律、法规、规章以及规范性文件的采纳、颁布、修订或重新诠释而引发的污水处理 PPP 项目建设成本和运营成本增加的风险。

2.2.3　金融风险

污水处理 PPP 项目的金融风险主要包括利率风险、汇率风险、融资风险和通货膨胀风险等。

（1）利率风险

利率风险是指在污水处理 PPP 项目的建设及运营过程中，由于利率变动造成的项目投资增加或项目收益减少。

（2）汇率风险

汇率风险是指由于汇率变动导致用于购买污水处理 PPP 项目所需设备及技术引进等资金超过预期，从而会减少投资的价值。

（3）融资风险

融资风险指的是由于污水处理 PPP 项目融资结构不合理、金融市场监管制度不健全和融资利率的政策性调整所造成的风险，最直观的表现形式即资金筹措困难和融资成本上升。

（4）通货膨胀风险

通货膨胀风险是指污水处理 PPP 项目所在地工人工资、电费、管理费以及原材料价格的上涨，带来建设成本和运营成本增加的风险。

2.2.4　环境风险

污水处理 PPP 项目的环境风险主要包括环境保护风险和行业环境变化风险等。

（1）环境保护风险

环境保护风险是指由于污水处理 PPP 项目未满足环保法规要求而增加的新资产投入或迫使项目停产等风险。

（2）行业环境变化风险

行业环境变化风险是指由于污水处理行业发展理念发生变化，影响污水处理 PPP 项目的推进速度以及实施效率的风险。

2.2.5　建设风险

污水处理 PPP 项目的建设风险包括勘察质量风险、设计质量风险、建设质量风险、成本超支风险、项目完工风险、文物保护风险、施工安全风险和施工技术风险等。

（1）勘察质量风险

勘察质量风险是指在污水处理设施的勘察工作中，对项目所在区域的水文条件、地质构造等勘察不够充分，导致污水处理厂及配套管网设施安全使用性能缺乏保障的风险。

(2)设计质量风险

设计质量风险是指污水处理设施的平面设计、结构设计以及工艺技术设计等工作质量较低,引发污水处理 PPP 项目在后续建设和运营过程中出现不确定性的风险。

(3)建设质量风险

建设质量风险是指污水处理设施在建设过程中可能出现的质量问题而影响项目投资效益和服务性能的风险。

(4)成本超支风险

成本超支风险是指由于社会资本前期对污水处理 PPP 项目的总投资估计不足,项目公司管理不善或建筑原材料价格上涨等导致的建设成本超过预期额度的风险。

(5)项目完工风险

项目完工风险是指污水处理 PPP 项目无法完工或延期完工的风险。

(6)文物保护风险

文物保护风险是指对污水处理设施施工过程中发现的疑似文物未能妥善保管,造成文物损失的风险。

(7)施工安全风险

施工安全风险是指在污水处理设施的施工过程中没有严格落实施工安全管理制度,安全防范意识和安全防护措施缺失,从而引起人员和财产损失的风险。

(8)施工技术风险

施工技术风险是指污水处理设施的施工技术选择不当或施工工艺落后等原因影响污水处理 PPP 项目可行性和可靠性的风险。

2.2.6 运营风险

污水处理 PPP 项目的运营风险主要包括管理风险、污水水量风险、污水水质风险、出水水质风险、检测计量风险、政府支付风险、劳资纠纷风险、人力资源风险、原材料供应风险、配套基础设施风险、投资主体变化风险、污泥外运地点变化风险、污水处理标准变化风险等。

(1)管理风险

管理风险是指污水处理 PPP 项目的运营者对项目的服务质量和运营成本控制欠缺,造成项目不能发挥预期设计生产能力,无法达到预期收益水平的风险。

(2)污水水量风险

污水水量风险是指由于项目前期规划或设计不符合实际,导致建设规模超标,进水水量不足,或者建设规模过小,进水水量超过设计处理能力上限的风险。

(3)污水水质风险

污水进水水质浓度变化影响项目运行成本和稳定性的风险。

(4)出水水质风险

出水水质风险是指由于项目运营不善或工艺选择不合适,导致出水水质不达标的风险。

(5)检测计量风险

检测计量风险是指第三方检测机构对污水处理的水质标准不明确,检测计量手段不全面,导致检测计量结果缺乏公信力引起的风险。

(6)政府支付风险

政府支付风险是指政府没有按约履行政府对污水处理PPP项目的支付责任,难以按时支付污水处理服务费的风险。

(7)劳资纠纷风险

劳资纠纷风险是指污水处理厂员工与项目公司产生纠纷,影响污水处理PPP项目运营效率的风险。

(8)人力资源风险

人力资源风险是指由于人力资源紧张,造成污水处理厂员工缺失以及人力成本上涨,影响污水处理PPP项目运营效率的风险。

(9)原材料供应风险

原材料供应风险是指污水处理的原材料、能源和其他所需物资的供应量、供应及时程度和价格波动的不确定性,影响污水处理PPP项目运营效率的风险。

(10)配套基础设施风险

配套基础设施风险是指由于市政配套管网等基础设施建设滞后、配套程度不高等,导致污水收集难度增大,影响污水处理PPP项目运营效率的风险。

(11)投资主体变化风险

投资主体变化风险是指由于社会资本方股权变更、转让或公司破产等导致污水处理PPP项目公司的投资主体发生实质性变动引发的风险。

(12)污泥外运地点变化风险

污泥外运地点变化风险是指由于污泥外运地点发生变化,引起项目公司经营成本上涨,或者污水无法得到及时处理的风险。

(13)污水处理标准变化风险

污水处理标准变化风险是指由于环境治理水平提高,国家对污水处理标准提高,导致污水处理PPP项目进行提标改造,增加建设成本和运营成本的风险。

2.2.7　移交风险

污水处理PPP项目的移交风险主要包括移交设施质量缺陷风险和项目产权风险。

(1)移交设施质量缺陷风险

移交设施质量缺陷风险是指项目设备设施在特许经营期内的运营和维护不到位,移交给政府时未处于良好状态而未能达到相关技术标准的风险。

(2)项目产权风险

项目产权风险是指在项目移交阶段,由于未能在项目前期清晰界定资产产权,或在项目执行阶段产权发生变化等,致使在项目特许经营期满移交时双方产生纠纷,从而带来投资损失的风险。

2.2.8 信用风险

信用风险主要包括政府部门履约风险和社会资本履约风险。

（1）政府部门履约风险

政府部门履约风险主要是指某些地方政府受短期利益的驱使，为吸引社会资本广泛参与，提出超出公共机构承受能力的优惠性承诺，最终出现无法履行合同约定条款的风险。

（2）社会资本履约风险

社会资本履约风险主要是指某些社会资本对行业发展预判不足、技术创新缓慢、财务测算准确性偏低等导致其丧失履行合同的必要条件，从而出现项目违约的风险。

2.2.9 市场风险

市场风险主要包括市场需求风险和市场竞争风险。

（1）市场需求风险

市场需求风险是指社会资本的市场预测值与实际需求之间因宏观经济、社会环境、人口变迁、法律法规调整等出现差异而引起的风险。

（2）市场竞争风险

市场竞争风险是指政府或其他投资人新建或改建其他类似项目，从而对该项目形成实质性的商业竞争而产生的风险。

2.2.10 不可抗力风险

不可抗力风险主要是指政府部门和社会资本在开展项目合作时，出现当事双方不能预见、难以合理防范而风险发生时又无法回避或克服的风险，包括但不限于台风、地震、洪水等自然事件和战争、骚乱、罢工等社会事件。

根据以上分析，污水处理 PPP 项目常见风险如表 2-1 所示。

表 2-1　污水处理 PPP 项目常见风险一览表

序号	风险类别	风险因素	风险表现形式	风险管理方法
1	政治风险	政策调整风险	涉及污水处理 PPP 项目的土地、财税、环保、监管等国家或地方政策调整引发的风险	政府综合考虑对污水处理 PPP 项目的影响程度制定相关政策，基于实际情况适度作出政策调整，并保持政策的连贯性
		项目审批风险	政府对污水处理 PPP 项目有关报批事项是否作出审批、审批是否延误等方面的不确定性引发的风险	（1）社会资本按照国家法律法规和审批程序报批，提前准备好所需资料，政府按程序审批污水处理 PPP 项目；（2）在污水处理 PPP 项目合同中约定审批的责任主体、违约责任以及处理办法
		项目国有化风险	政府决定在特许期届满前收回污水处理 PPP 项目特许经营权，对项目实行国有化	在 PPP 合同中约定国家收回特许经营权时的补偿机制，以及对投资人的救济方法

序号	风险类别	风险因素	风险表现形式	风险管理方法
		政府换届风险	政府换届导致对污水处理 PPP 项目支持力度变化等引发的风险	项目公司可以通过与政府签订严密的特许经营权协议规避风险,规定明确的补偿机制或协商谈判机制
		政府干预风险	政府对污水处理 PPP 项目干预过度引发的风险	在污水处理 PPP 项目合同、股东合同等法律文件中明确双方的责任边界以及政府的监管方式
		公众反对风险	由于公众利益无法得到保护、无法获得公众认可,导致污水处理 PPP 项目受到公众阻力、引起公众反对的风险	(1)提高污水处理 PPP 项目建设运营的透明度,公开项目运营各项环境监测数据,接受公众监督;(2)做好社会稳定风险评估,充分了解受项目影响范围内居民的意见和建议;(3)建立合理的补偿机制,对一定范围内居民受影响情况进行评估并给予合理补偿
		土地获取风险	用于污水处理设施建设的土地在征收、取得过程中的不确定性引发的风险	可在污水处理 PPP 项目合同中约定若政府未能如期提供建设用地,可相应延长项目建设期
2	法律风险	法律法规变化风险	相关法律、法规、规章、规范性文件的修订或变更导致污水处理 PPP 项目投资成本和运营成本不利的风险	委托正规并具有实力的法律咨询机构,结合污水处理 PPP 项目特点,就项目的法律适用问题提供针对性的法律咨询服务;利用合同条款,对可能出现的风险应对方式、纠纷处理和责任归责事先作出明确约定
3	金融风险	利率风险	由存贷款基准利率和市场利率水平以及国债利率水平的波动等引发的风险	项目公司应尽量减小招标期和融资交割期之间的时间差,尽早完成融资交割;此外可以考虑采用对冲方式控制利率变动
		汇率风险	包括外汇汇率波动风险和外汇兑换成本风险	政府可根据实际情况承诺给予项目公司适当补贴,抑制汇率波动造成的资金损失
		融资风险	由于金融市场不健全、融资结构不合理、融资的可达性引起的风险,以及社会资本的信用状况、自有资金实力引起的风险,还包括未能在预期的条件下融到污水处理 PPP 项目所需资金的风险	(1)项目公司要有明确合理的融资结构,聘请金融领域专家进行融资方案设计,确保融资结构与资金需求相匹配;(2)选择恰当的融资时机和融资方式尽可能降低融资成本,从而提高其偿债能力;(3)加强对资金的集中管理,提高融入资金的使用效率和使用效益
		通货膨胀风险	由于包括电力、工资及管理费用等在内的综合物价费用上涨,导致污水处理 PPP 项目建设及运营成本增加的风险	项目公司在签订合约的过程中可以采用签订物价指数保值条款合同以应对,将根据实际产品价格或物价指数变动情况对合约价格进行调整的条款列入 PPP 项目合同中
4	环境风险	环境保护风险	污水处理不及时或污水管网泄露污染地表环境的风险	(1)项目公司要熟悉国家和项目所在地环境保护方面的法律法规,并将其纳入投资机会分析中;(2)制定合理的环境保护计划和专项防治方案;(3)在项目全生命周期内加强环境监测工作;(4)在项目合同中明确污水处理排放标准、违约赔偿等内容
		行业环境变化风险	由于区域产业转移、人口流失导致污水处理行业环境与投标时不一致	项目公司要加强和行业协会的沟通,牢牢把握污水处理行业现时动态和未来发展趋势,在实施方案设计中留有一定余地,以适应行业环境变化发展

续表 2-1

序号	风险类别	风险因素	风险表现形式	风险管理方法
5	建设风险	勘察质量风险	由于污水处理 PPP 项目所在地地质条件的不确定性所引发的地质勘查不够全面等质量缺陷	实施机构或项目公司应选择经验丰富、实力较强、资质过硬的勘察单位进行项目勘察工作
		设计质量风险	由于工程设计原因而导致的污水处理设施试运行失败或产出不达标等	实施机构或项目公司应选择经验丰富、实力较强、资质过硬的设计单位进行工程设计工作，并自行支付由于其自身原因造成的设计变更所增加的费用
		建设质量风险	由于污水处理设施设备在建设安装过程中出现的质量问题，导致污水处理 PPP 项目服务性、安全性和收益性受到损害	(1)项目公司加强对建设工程、设备制造质量的监督管理;(2)与专业的工程监理公司签订建设质量监理合同，由其对建设质量进行全面监督;(3)向承包商收取工程质量保证金
		成本超支风险	由于社会资本前期对总投资估计不足、项目公司管理不善导致原材料价格上涨，致使污水处理 PPP 项目建设成本超过预算额度	(1)项目公司公开招标选择技术能力强、管理经验丰富的施工队伍，并与承包商签订总承包合同转移成本超支风险;(2)如果社会资本负责项目建设，要做好人工费、材料费、设备购置费、机械使用费等费用控制工作
		项目完工风险	污水处理 PPP 项目建设无法完工或延期完工的	(1)项目公司可要求承包商签订保证承诺，提供项目完工担保来预防违约，并向承包商提供竣工奖来提高其工作积极性;(2)通过投保分散项目完工风险
		文物保护风险	污水处理设施的施工过程中因发现文物导致施工暂停	(1)污水处理 PPP 项目合作期间在项目现场发现的疑似文物应采取合理的预防措施，防止其职员、劳工或其他人员移动或损坏任何此类物品;(2)在项目合同中约定由此发生的费用由政府给予合理补偿
		施工安全风险	污水处理设施的施工过程中因出现安全事故导致施工暂停	(1)项目公司应强化安全责任意识，定期开展安全巡视工作，及时发现安全隐患，并通知相关负责人进行整改;(2)定期对工作人员开展安全技术培训，制定专项安全施工方案与安全应急预案
		施工技术风险	污水处理设施的施工过程中因施工技术方案不合理、施工技术选择不恰当、施工人员技术水平无法达到要求等	(1)在污水处理 PPP 项目投标时充分了解相关技术与标准要求，选用成熟、适用的技术;(2)配套设备、施工工艺、资源应符合国家要求和行业规范;(3)定期对技术人员进行技能培训，提高其技术水平
6	运营风险	管理风险	由于运营管理不善，导致污水出水质量不达标、设备加速损耗等人为事件发生	(1)严格项目运营管理，加强人员培训;(2)定期实施资产完备性检查;(3)投保商业保险
		污水水量风险	由于污水进水管网建设进度延后以及服务区域的人员季节性流动导致的水量变动	社会资本应与政府核定项目进水量及管网铺设范围，使项目实际进水量达到设计水平。当进水量超过或低于设计处理规模时，社会资本应尽最大努力与政府共同商定处理方案，避免给项目设施及外部环境带来损害
		污水水质风险	污水进水水质变化影响项目的运行成本和运行稳定性	政府方应为项目运行提供符合进水水质的污水，而项目公司应及时调整污水处理工艺，加强运营管理

序号	风险类别	风险因素	风险表现形式	风险管理方法
		出水水质风险	由于项目运营不善或工艺选择不合适,导致出水水质不达标的风险	项目公司应加强污水处理工艺流程管理,确保出水水质达标
		检测计量风险	水质标准规定不明确或水质检测方法无法为双方接受等	(1)专门以技术附件的形式明确水质标准;(2)详细的水质检测规定;(3)规定水质不合格的违约责任
		政府支付风险	政府无法按时支付污水处理服务费	(1)明确支付社会资本方污水处理服务费来源;(2)建立污水处理服务费账户;(3)按月付费、按年结算
		劳资纠纷风险	污水处理厂员工因工资、工时、劳动条件以及解雇等原因产生的纠纷	提高项目管理水平,加大宣传教育力度,增强企业经营者和劳动者遵规守法意识,切实加强劳动合同管理
		人力资源风险	主要包括人力资源供给不足、劳动力成本上涨以及员工队伍的稳定性等	项目公司要完善企业规章制度,优化入职培训、员工奖惩、绩效考核、离职管理等各个环节,提升人力资源配置效率;此外应重视吸纳专业人才,启动员工帮助计划,防止人才流失
		原材料供应风险	用于污水处理的水处理剂和化工原料等无法及时供应或供应量无法满足需求等	签订原材料、能源供应合同,保证项目能源和原材料供应及时且运营成本相对稳定,降低原材料和能源供应风险
		配套基础设施风险	污水处理PPP项目的周边主次干道、给排水、供电等配套基础设施的完备性与实用性无法满足需求	政府应做好污水处理PPP项目配套设施的前期工作,为其提供项目范围外的供水排水、供电、进出道路等配套设施
		投资主体变化风险	污水处理PPP项目投资主体财务状况、股权变更等引发的不确定性风险	在污水处理PPP项目合同中约定违约处理办法
		污泥外运地点变化风险	由于自身原因或不可抗力因素导致污泥外运地点变更,需要重新选择外运地点或重新设计外运方案	项目公司应事前加强对污泥外运地点的考察和比选,并针对可能发生的变化做好各项预案
		污水处理标准变化风险	水污染物排放标准变化包括控制项目及分类、标准分级、标准值、取样与检测等内容发生变更,需要对污水处理技术进行升级	污水处理PPP项目建设时应预留处理标准提升能力,减少大规模增加提标改造成本,运营成本增加时应适当提高污水处理服务费单价
7	移交风险	移交设施质量缺陷风险	由于运营期超负荷运行、过度使用、维护不力等情形,造成合作期限届满时,污水处理PPP项目状况无法达到移交要求	项目公司提交维修移交保函,如果发生由于项目公司责任造成的质量缺陷,并在其拒绝修复并支付费用的情况下,政府可以从维修函中获取适当补偿
		项目产权风险	由于资产产权在污水处理PPP项目前期界定不明晰,造成移交时双方发生纠纷引发投资损失	签订严密的特许经营协议,明确项目移交范围、产权争议解决办法等

续表 2-1

序号	风险类别	风险因素	风险表现形式	风险管理方法
8	信用风险	政府部门履约风险	主要指政府能否付按时付费,能否严格执行合同约定义务的风险	政府要增强自身的法治意识和契约意识,在充分考虑未来长期变化因素的前提下审慎承诺,同时认真做好污水处理 PPP 项目的前期论证以及物有所值评价和财政承受能力论证
		社会资本履约风险	主要指社会资本方能否按期完工,能否尽职对项目进行运营维护,能否按合同约定严格执行其义务的风险	在污水处理 PPP 项目合同中明确社会资本对项目公司的融资义务承担担保责任,并通过项目公司提供履约保函、购买保险等措施对项目实施进行保障
9	市场风险	市场需求风险	由于宏观经济、社会发展、人口规模等变化产生污水处理市场需求变动	(1)做好污水处理 PPP 项目初期的可行性研究,减少项目的盲目性;(2)在项目合同中约定当实际需求量低于预估需求量时,政府应给予一定比例的补偿,弥补项目公司损失
		市场竞争风险	由于污水处理市场竞争现状的变化,以及其他竞争者或替代品出现引起的风险	明确对同一区域内的竞争性项目不予审批,并做出非竞争性承诺
10	不可抗力风险	—	主要指合同一方无法控制,在签订合同前无法合理防范,事件发生时又无法回避或克服的风险	(1)通过支付保险费将风险转移给有承担能力的保险公司;(2)对于不能保险或不能以合理成本保险的不可抗力风险,可寻求政府支持,如允许投资者在遭遇不可抗力风险时通过延长特许经营期适当弥补损失

2.3 污水处理 PPP 项目风险分配

污水处理 PPP 项目的风险分配是指在对污水处理 PPP 项目风险进行逐一识别的基础上,遵循风险分配的基本原则,综合考虑项目特点及实施条件,结合项目对社会资本吸引力、各主体风险承担意愿等因素,对已经识别出的风险因素在各主体间进行合理分配。风险分配是污水处理 PPP 项目风险管理的关键环节,直接关系到污水处理 PPP 项目的成败,因此,应最大限度发挥合同双方风险控制和履约的积极性。

2.3.1 污水处理 PPP 项目风险分配原则

合理分配风险是 PPP 模式最显著的特征之一,也是实现 PPP 模式效益最大化的前提,其目的主要基于以下两点:第一,通过科学的风险分配降低风险发生概率和风险造成的损失,有效降低风险管理成本,增加 PPP 项目对社会资本的吸引力;第二,在 PPP 项目全生命周期内,引导风险承担方更加审慎地看待其面临的风险,理性约束自身行为,推动 PPP 项目顺利实施。根据《政府和社会资本合作模式操作指南(试行)》(财金〔2014〕113 号)要求,PPP 项目要按照风险分配优化、风险收益对等和风险可控等原则,综合考虑政府风险管理能力、项目回报机制和市场风险管理能力等要素,在政府和社会资本间合理分配风险。

(1)风险分配优化原则

基于政府部门和社会资本对不同性质风险管理水平的差异性,受制于法律约束和公共利益的考量,PPP 项目风险分配必须以充分发挥风险承担者各自风险管理能力和优势为前提,承担风险的一方应该对该风险拥有足够的控制力,可选择多种风险管理手段合理规避或者转移风险。倘若政府部门将自身能够有效管理的风险转嫁给社会资本,不仅需要额外支付更多的费用,也不利于项目风险的管控。因此,在准确识别污水处理 PPP 项目风险的基础上,原则上按照项目设计、建造、财务和运营等商业风险由社会资本承担,法律、政策和最低产品需求等风险由政府部门承担,不可抗力等风险由政府部门和社会资本合理共担的思路开展。

(2)风险收益对等原则

在进行 PPP 项目风险分配时,既要关注社会资本风险管理成本和风险损失大小,也要尊重社会资本获得与其承担风险相匹配的收益的权利。在此基础上进一步明确承担风险的一方对于控制该风险能够获得更大的经济利益或者行为动机,且由其承担该风险能够显著提升风险管理的效率。只有风险承担者从风险分担中获取较高的风险收益,才能更加深刻地体现风险分配的实际意义;反之,如果风险承担者的风险管理成本大于其风险收益,则会对其风险承担的意愿造成消极影响。在污水处理 PPP 项目合同条款设计时,需要从激励相容的角度出发,最大程度保障风险承担者能够获得与风险大小相平衡的收益水平。

(3)风险可控原则

一般而言,在 PPP 项目运作过程中,如果风险最终发生,承担风险的一方不应将由此产生的费用和损失转移给合同相对方。然而,在 PPP 项目长达数十年的进程中,一些风险往往会随着项目的深入推进而出现政府部门及社会资本均难以预料的变化,致使风险发生概率和风险损失程度增大。这就要求在 PPP 项目合同中依据项目各参与方的财务实力、技术能力、管理水平等因素科学设定风险损失承担上限,旨在将风险损失始终控制在风险承担者的合理承受范围之内,不宜由任何一方承担超过其承受能力的风险。对于污水处理 PPP 项目而言更应明确风险可控的重要性,否则,社会资本将难以保证公共产品或公共服务的供给效率与质量,而政府部门也可能拒绝履约,从而影响双方合作关系的长期稳定。

2.3.2　污水处理 PPP 项目风险分配框架

基于上述风险分配原则,对污水处理 PPP 项目构建的风险分配框架如表 2-2 所示。

表 2-2　污水处理 PPP 项目风险分配框架

序号	风险类别	风险因素	风险分配	风险承担主体		
				政府	社会资本	双方共担
1	政治风险	政策法规调整风险	国家和地方政府政策法规变化风险由政府方承担	√		
		项目审批风险	项目审批风险由政府方承担	√		
		项目国有化风险	项目国有化风险由政府方承担	√		
		政府换届风险	政府换届风险由政府方承担	√		
		政府过度监管及干预风险	政府过度监管及干预风险由政府方承担	√		

序号	风险类别	风险因素	风险分配	风险承担主体		
				政府	社会资本	双方共担
		公众反对风险	由于政府决策失误导致的公众反对风险由政府方承担	√		
		土地获取风险	土地征收工作由政府方负责,土地征收过程中的进度延误、成本增加等风险由政府方承担	√		
2	金融风险	利率风险	利率水平变化的风险由社会资本方承担		√	
		汇率风险	如果项目涉及汇率变化风险,由社会资本方承担		√	
		融资风险	项目融资由社会资本方承担最终责任		√	
		通货膨胀风险	通货膨胀产生的风险,在合同约定范围内由项目公司承担,合同约定范围外由政府方承担			√
3	环境风险	环境保护风险	污水厂站运营及管网维护工作由社会资本方负责,环境污染风险由社会资本方承担		√	
		行业环境变化风险	污水处理行业环境变化风险由政府和社会资本共同承担			√
4	建设风险	勘察质量风险	一般情况下,由社会资本方负责地质勘察工作,并对勘察质量负责。特殊情况下,实施机构负责地质勘察工作并对勘察质量负责		√	
		设计质量风险	一般情况下,由社会资本方负责设计工作,并对设计质量负责。特殊情况下,实施机构负责设计工作并对设计质量负责		√	
		建设质量风险	社会资本方负责项目具体建设工作,并对建设质量负责		√	
		成本超支风险	建设成本超支风险由社会资本方承担		√	
		项目完工风险	社会资本方应保证项目按时完成,并确保项目质量符合相关标准		√	
		文物保护风险	社会资本方对施工过程中的文物保护负责;政府方承担因文物保护导致的工期延误和维护费用补偿			√
		施工安全风险	项目建设工作由社会资本方负责,施工安全风险由社会资本方承担		√	
		施工技术风险	项目建设工作由社会资本方负责,施工技术风险由社会资本方承担		√	
5	运营风险	管理风险	运营工作由社会资本方负责,管理风险由社会资本方承担		√	
		污水水量风险	社会资本方应与政府共同核定项目进水水量,进水水量不足或过大的风险由双方共担			√
		污水水质风险	污水进水水质超标的风险由政府方承担	√		
		检测计量风险	检测计量风险由社会资本方承担		√	
		政府支付风险	政府支付风险由政府方承担	√		

序号	风险类别	风险因素	风险分配	风险承担主体		
				政府	社会资本	双方共担
		劳资纠纷风险	劳资纠纷风险由社会资本方承担		√	
		人力资源风险	人力资源风险由社会资本方承担		√	
		原材料供应风险	原材料供应风险由社会资本方承担		√	
		配套基础设施风险	政府方应提供项目建设运营所需的配套基础设施,配套基础设施风险由政府方承担	√		
		投资主体变化风险	投资主体变化风险由社会资本方承担		√	
		污泥外运地点变化风险	污泥外运地点变化风险由社会资本方承担		√	
		污水处理标准变化风险	污水处理标准变化风险由政府方承担	√		
6	移交风险	移交设施质量缺陷风险	移交设施质量缺陷风险由社会资本方承担		√	
		项目产权风险	项目产权风险由社会资本方承担		√	
7	信用风险	政府部门履约风险	政府部门履约风险由政府部门承担	√		
		社会资本履约风险	社会资本履约风险由社会资本方承担		√	
8	市场风险	市场需求风险	市场需求风险由政府和社会资本共同承担			√
		市场竞争风险	政府方应保证社会资本方在合作期间的唯一经营权,供给竞争风险由政府方承担	√		
9	不可抗力风险	——	可保险的不可抗力风险由社会资本方承担,不可保险的由双方合理共担			√

需要特别指出的是,上表仅是根据实践中的常见情形,对污水处理 PPP 项目中的一般性风险因素作出简单的框架性分配,项目中的风险分配方式并非一成不变的,而应在谈判中根据项目类型及特点、项目参与方的风险承担意愿和能力作出灵活调整,确定对本项目最有利的风险分配方式,如此才能保证项目在全生命周期的顺利运行。

2.4　污水处理 PPP 项目风险防范及应对

污水处理 PPP 项目的风险应对是指针对污水处理 PPP 项目风险发生的具体条件,通过计划、组织、协调和控制等管理活动,防止风险损失的发生,降低损失发生的可能性以及削弱损失的大小和影响程度,同时依据污水处理 PPP 项目风险的实际情况和对风险的承受能力确定项目各参与方对风险的防范措施,以期获取最大的项目效益。

2.4.1　政府方风险防范措施

政府方希望通过在污水处理项目中引入 PPP 模式来促进污水处理服务的有效供给。政府方作为行政管理主体享有法律赋予的行政监管职权,同时作为 PPP 项目协议签约主体之一也享有相应的契约监管权利。因此,政府有权依据 PPP 项目协议(含各类附件)的约定,享有前期准入、项目投融资、建设、运营维护、中期评估、移交等全流程的履约监管权利。

政府方防范风险的具体措施有:

① 建立专门协调机制,组织对 PPP 项目运作熟悉的骨干力量成立 PPP 中心或领导小组,加强对辖区内 PPP 项目实施的管理。授权合适的实施机构负责具体项目的实施管理,并要求实施机构组建项目专班,全程参与项目的实施。

② 聘请独立的咨询机构对项目进行跟踪监管,借助中介机构的专业知识和客观公正的执业,实现多方共赢。

③ 采购社会资本方时选择有良好经验背景的社会资本方,注重考察社会资本方与本项目的适宜性,如相关业绩、银行资信、企业资质、项目团队等是否满足本项目要求。

④ 要求社会资本方提交建设履约保函、运营维护保函及移交保函,制定明确的建设、运维绩效考核标准,并设定激励社会资本方通过提高运营服务质量和效率来增加收入的机制。

⑤ 收集分析类似项目案例,归纳总结其他案例的成功经验和失败教训,避免拟建项目发生同样风险。

2.4.2 社会资本方风险防范措施

在污水处理 PPP 项目中,社会资本方承担了大部分建设、运营期的风险。对社会资本方而言,其希望通过按 PPP 项目合同约定完成建设,并通过运营项目获得回报。社会资本方制定风险防范措施的重点应围绕确保按时完成项目建设、保证项目正常运营来考虑。社会资本方可采取的风险防范措施有:

① 要求政府方把项目的支付义务分年度列入财政预算,以保证政府能按时付款。

② 参与项目投标前,组建对 PPP 模式运作熟悉的专班,提前与政府方进行对接,明确政府方需求,并结合自身实力有针对性地参与自身熟悉的行业或领域。

③ 项目实施过程中,加强与咨询机构的沟通,充分理解 PPP 项目合同的相关条款,避免信息不对称导致后期违约。

④ 对于自身没有能力实施的项目内容,应通过合法程序选择承包商或运营商,仔细审查承包商或运营商类似项目经验,保证项目按时保质完工或正常运营。

2.4.3 社会公众风险防范措施

对社会公众而言,污水处理 PPP 项目在正常运营状态下,自身可能面临的风险概率极小,公众应重点关注项目对非正常状态的应急方案。社会公众风险防范的措施有:

① 要求项目公司保证项目的长期稳定、安全运营。

② 要求项目公司应针对自然灾害、重特大事故、环境公害及人为破坏等事件的发生和所有危险源制定应急预案和现场处置方案,明确事前、事中、事后相关部门和有关人员的职责。项目公司制定的应急预案应预先征求政府方的意见,相关风险事件发生后应报政府同意后方可实施应

急预案。

③要求项目公司定期公布项目相关信息,包括排放的水量、水质、排放地点、设备运行状态等。

下面以沧州渤海新区南大港产业园区东兴工业区污水处理PPP项目为例,介绍其风险分配的基本框架。

该污水处理厂位于东兴工业区的远期发展区,远离居民居住区,紧邻人工湿地,便于污水处理达标后排放。厂址距离适中,污水管网投资较少,有良好的工程地质条件及方便的交通、运输和水电条件。污水处理厂总占地 2.67 公顷,项目建成后日处理污水达到 5000m³,分两期建设。一期处理量 2000m³/d,从 2016 年开始建设,建设期 6 个月。二期处理量增加到 5000m³/d,拟从 2021 年开始建设,建设期 18 个月。

该污水处理 PPP 项目经风险识别后产生的各项具体风险如表2-3所示。

表 2-3　沧州渤海新区南大港产业园区东兴工业区污水处理 PPP 项目风险清单

	分类	风险名称	风险说明
污水处理项目风险	建设风险	工艺设备选择风险	项目的设备材料及整体技术工艺存在的问题,对项目投资和运行成本产生影响
		外汇风险	外汇汇率变化及外汇可兑换性风险,对项目进口设备产生一定影响
	运营风险	进水水质风险	水质浓度变化影响项目运行成本和运行稳定性
		进水水量风险	由于进水量变化对污水处理工艺稳定性及项目收入产生影响
		配套管网完善风险	污水管网建设滞后导致项目无法正常运转
		运营能力欠缺风险	所选择的运营商技术和管理能力欠缺,影响项目收益
		环境标准变化风险	污水或污泥处理排放标准提高,导致项目因无法达到排放标准而需要改造,严重时或面临停运
		资源供应和价格调整风险	原来以合理的价格取得电、煤等资源并得到供应保障,但之后该便利条件不能持续
	移交风险	设备质量风险	由于设备质量达不到协议标准要求,移交前对设备及相关设施进行改造维护、大修,导致成本费用增加
		项目产权风险	由于资产产权界定不清引起纠纷,从而带来投资损失
		政策风险	与项目有关政策如项目资产国有化、强制收购和征用以及优惠政策的撤销等,导致项目回报率降低
	其他风险	协议风险	在各阶段项目双方之间的纠纷或一方违约等,导致项目暂停或终止
		不可抗力风险	发生不可预见和不可避免、不能通过人力克服的意外事件或自然灾害,导致项目损失或失败

在此基础上,根据风险分配原则最终形成的项目风险分配框架如表2-4所示。

表 2-4　项目风险分配框架

	风险类型	政府方承担	社会资本方承担	双方共担
政治风险	政策及法律法规的变化	√		
	政府监管和干预过度	√		
	政府优惠政策的执行风险	√		
	社会资本方融资经验不足		√	
	政府忽视对上游污水处理的监管	√		
	其他宏观经济政策变化	√		
	征收额外的特许权使用费	√		
	强制收回特许经营权	√		
运营风险	污水排放量不足	√		
	经营短期化倾向		√	
	经营组织机构设置不合理		√	
	经营者管理不当		√	
	运营效率低		√	
	运营成本超支		√	
	供应商违约		√	
	服务质量差		√	
	移交后设备状况差		√	
	维护成本和频率高		√	
环保风险	采购的原材料不符合环保要求		√	
	运营破坏周边环境		√	
	缺乏应对灾害的专项预案		√	
	环保效率低		√	
收益风险	材料价格上涨			√
其他风险	社会资本采购风险	√		
	不可抗力风险			√

第3章 污水处理 PPP 项目运作方式

3.1 污水处理 PPP 项目运作方式

3.1.1 PPP 项目各运作方式的区别

　　PPP 模式是指为缓解政府财政压力而通过一系列优惠政策吸引社会资本投入到基础设施建设中，进行全生命周期建设、运营、维护等活动。运营、PPP 模式的具体运作方式有很多种，如 BOT、TOT、ROT、MC 等。其中，新建 PPP 项目多采用 DB、BOT 及其衍生运作方式，而已建 PPP 项目多倾向于 TOT 等。这些运作方式最大的区别在于投资阶段、建设阶段、运营阶段、维护阶段以及所有权归属的主体不同。对于 PPP 项目的建设性质，将具体运作方式在不同阶段的归属主体总结如表 3-1、表 3-2 所示。

表 3-1　新建 PPP 项目运作方式选择

PPP 运作方式		投资	建设	运营	维护	所有权
DB		Z	S	Z	Z	Z
DBMM		Z	S	Z	S	Z
DBO		Z/S	S	S	Z	Z
BOT		Z/S	S	S	S	Z
BLOOT		Z/S	S	S	S	Z
BOOT		Z/S	S	S	S	S-Z
BOT	DBFO(PFI)	Z/S	S	S	S	Z/S
	DBTO	Z/S	S	S	S	Z
BTO/BTM		Z/S	S	S	S	Z
BOO		Z/S	S	S	S	S

注：S-Z：移交前私有，移交后公有

　　　Z/S：公有或者私有

表 3-2　已建 PPP 项目运作方式选择

PPP 运作方式	投资	建设	运营	维护	所有权
SC	Z	Z	Z	Z	Z
MC	Z	Z	S	Z	Z
O&M	Z	Z	S	S	Z
TOT	Z	Z	S	S	Z

续表 3-2

PPP 运作方式		投资	建设	运营	维护	所有权
TOT	ROT	Z	Z	S	S	Z
	PUOT	Z/S	S	S	S	Z
	LUOT	Z/S	S	S	S	S-Z
LBO		Z/S	S	S	S	Z
BBO(PUO)		Z/S	S	S	S	S

注:S-Z:移交前私有,移交后公有

Z/S:公有或者私有

3.1.2 污水处理 PPP 项目运作方式现状分析

根据财政部政府和社会资本合作中心统计数据,截至 2017 年 12 月末,已入库 PPP 项目 14424 个,总投资额 18.2 万亿。管理库项目数量达 7137 个,累计投资额 10.8 万亿。其中,污水处理项目数量共计 513 个,占管理库项目数量的 7.2%,总投资额 0.17 万亿,占比为 1.6%。2016 年,污水处理项目入库数量达到最高峰值,为 308 个。截至 2018 年 3 月,污水处理 PPP 项目入库趋势如图 3-1 所示。

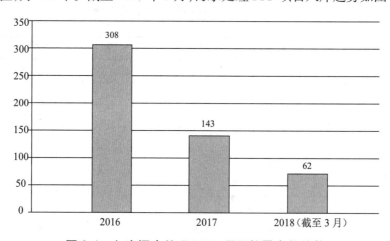

图 3-1 入库污水处理 PPP 项目数量变化趋势

通过统计分析管理库中现有污水处理 PPP 项目,其具体运作方式分析结果如图 3-2 所示。

由图 3-2 可知,目前我国污水处理PPP项目的运作方式共有六种,即BOO、BOT、O&M、ROT、TOT以及 TOT+BOT。BOO(Build-Own-Operate)是 PPP 模式下私有化程度最高的运作方式,在这种运作方式下,项目所有权归社会资本所有;BOT 模式即常见的"建设—运营—移交",运用此模式时,项目公司负责污水处理厂的融资、建设和运营,为政府提供污水处理服务并由此向政府收取相应的污水处理服务费,在特许经营期结束后,项目公司将该设施移交给政府;O&M(Operation & Maintenance)即委托运营,是一种社会资本或项目公司不负责用户服务的 PPP 运作方式,具体指政府保留污水处理项目的所有权,仅将其运营维护职责委托给社会资本或项目公司,并向社会资本或项目公司支付委托运营费用,这种运作方式一般适用于存量项目;ROT(Renovate-Operate-Transfer),此种运作方式主要涉及项目的改扩建、运营以及移交,具体指政府在 TOT 模式的基础上,增加改扩建等内容,ROT 与 O&M 运作方式均适用于存量项目,但 ROT 的合同期限相对较长,一般为 20—30 年,后者一般在 8 年左右;TOT 模式即移交—经营—移交,此方式是国际上较为流行的一种项目融资方式。在污水处理项目中,通常指政府部门在一定期限内,将已建成项目的产权或经营权有偿转让给社会资本,由其负责污水处理厂的后续运营管理,当双方合约期满后,社会资本将项目交还给政府部门。目前,国内污水处理 PPP 项目多采用 BOT 运作方式,其占比达到 58.95%,其次为 TOT 和 TOT+BOT。

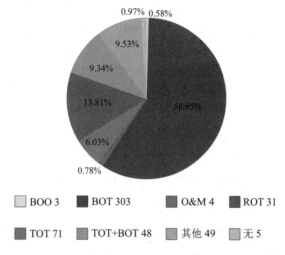

BOO 3　BOT 303　O&M 4　ROT 31

TOT 71　TOT+BOT 48　其他 49　无 5

图 3-2　入库污水处理 PPP 项目运作方式统计分析

污水处理 PPP 项目具体运作方式及适用条件如表 3-3 所示。

表 3-3　污水处理 PPP 项目具体运作方式及适用条件

具体运作方式	适用条件	特点
BOT	新建污水处理项目	项目公司在特许经营期内拥有项目的运营权,期满结束后,将项目移交给政府
TOT	存量污水处理项目	将存量污水处理项目在某段时期内的经营权有偿转移给社会资本,后续操作与 BOT 相似
TOT+BOT	存量污水处理项目+新建污水处理项目	此种运作方式为 BOT 与 TOT 的结合体
ROT	改扩建污水处理项目	在 TOT 运作方式基础上,增加改扩建内容

3.2　项目运作方式选取原则及影响因素

3.2.1　项目运作方式选取原则

为确保污水处理 PPP 项目成功运作,需遵循以下原则:

(1)依法合规

2004 年,建设部颁布《市政公用事业特许经营管理办法》(建设部令第 126 号)将特许经营正式引入市政公用事业。自此,我国颁布了一系列关于促进 PPP 模式在基础设施中应用的政策,如《关于发布首批基础设施等领域鼓励社会投资项目的通知》(发改基〔2014〕981 号)、《关于创新重点领域投融资机制鼓励社会投资的指导意见》(国发〔2014〕60号)、《关于印发政府和社会资本合作模式操作指南(试行)的通知》(财金〔2014〕113号)等。但纵观我国 PPP 项目库,已入库项目的投资回报机制多为政府付费或者可行性缺口补助,其中:政府付费项目接近一半,可行性缺口补助项目约占百分之四十,造成政府未来巨大的财政支付风险。为此,财政部《关于规范政府和社会资本合作(PPP)综合信息平台项目库管理的通知》(财办金〔2017〕92号)明确提出,对新申请入库的 PPP 项目要严格把关,审慎开展政府付费PPP 项目,足以窥见国家严控政府付费类项目的决心以及未来政府付费类项目数量趋于紧缩的趋势。

在此背景下,各地政府相继表达对政府付费项目的态度,湖北省财政厅表示,要规范 PPP 项目的使用范围,禁止将纯工程项目与商业项目打包成 PPP 项目变相融资。湖南省财政厅颁布《关于实施 PPP和政府购买服务负面清单管理的通知》(湘财债管[2018]7号),对仅涉及建设,无运营内容和现金流的项目不允许采用 PPP 模式。

(2)符合当地实际情况

项目运作方式的选取一方面要结合项目自身的特点,另一方面必须符合项目所在地的实际情况。在确定项目运作方式时,需考虑当地的经济社会发展状况、政策环境等。所选取的运作方式,最终应能促进政府职能转变,改善当地居民享有的公共服务水平。

(3)理顺政府方、社会资本方及项目使用者三者关系,保护投资人利益

PPP 项目涉及主体包括政府方、社会资本方以及项目使用者,不同的运作方式意味着社会资本方的参与程度不同。为保证 PPP 项目顺利实施,必须在政府方、社会资本方和项目使用者之间寻求利益均衡点,制定合理的服务价格,构建合理的政府补贴机制,在不违背 PPP 项目为社会公众提供优质高效服务宗旨的基础上,确保社会资本方的投资利益。

(4)保护公共利益

PPP 模式之所以在我国得以广泛应用,原因之一在于可以提高政府的公共服务水平、促进政府职能转变,但 PPP 项目最终的使用者是社会公众。因此,在选取项目运作方式时,须考虑社会公众的经济承受能力,以保护公共利益为出发点。

3.2.2 项目运作方式选取影响因素

PPP 项目按照经营程度的不同可分为经营性项目、准经营性项目和非经营性项目。根据财政部《政府和社会资本合作模式操作指南》规定:运作方式的选择主要由收费定价机制、项目投资收益水平、风险分配基本框架、融资需求、改扩建需求等因素决定。同时《国家发展改革委关于开展政府和社会资本合作的指导意见》(发改投资〔2014〕2724号)文件指出,鼓励各地区政府部门根据当地实际情况及项目特点,积极探索、大胆创新,灵活运用多种 PPP 模式,提高项目运作效率。PPP 项目运作方式选取影响因素的具体分析如下:

(1)收费定价机制

PPP 项目收费定价机制主要有三种:可行性缺口补助、政府付费、使用者付费。对于有明确收费基础且经营性收费能完全覆盖投资成本并取得合理投资回报的项目,一般采用政府授予特许经营权,即建设—运营—移交(BOT)、建设—拥有—运营—移交(BOOT)等模式;对于经营性收费不足以覆盖投资成本或难以形成合理回报,需政府补贴部分资金或资源的项目,可通过政府授予特许经营权附加部分补贴或直接投资参股等措施,采用建设—运营—移交(BOT)或建设—拥有—运营(BOO)等模式推进;对于缺乏使用者付费基础,主要依靠政府付费回收投资成本的项目,则倾向于采取建设—租赁—运营(BRO)或委托运营(O&M)等市场化模式。

(2)项目投资收益水平

项目投资收益水平对运作方式的影响与收费定价机制相类似。若项目具有一定的收益性,投资收益趋于稳定,项目后期面临的风险相对较低,则由社会资本承担运营环节可以保证相对稳定且合理的投资收益率。

(3)风险分配基本框架

一般而言,社会资本承担财务、设计、建设、运维风险,政府主要承担政策、法律风险,不可抗力风险则由双方按照风险分配原则,以一定的比例进行合理分担。PPP 项目的风险分配基本框架直接影响着项目的运作方式,应根据 PPP 项目风险特点及初步风险分配基本框架合理选择运作方式,确保 PPP 项目风险分配基本框架与其运作方式相匹配。

(4)融资需求

PPP 项目通常由项目公司负责融资,在融资过程中,项目公司需要以项目资产或预期收益为担保获取相应的资金。目前,国内金融机构纷纷拓展 PPP 项目融资市场,支持以项目预期现金流为担保的有限追索或无追索的项目融资;从资产转让税费方面考虑,项目公司可以选择不拥有项目资产所有权,但项目公司在合作期内需要获得项目特许经营权,以期取得相应的融资条件。因此,在设计 PPP 项目运作方式过程中,应综合考虑项目融资需求,合理选择项目运作方式。

(5)改扩建需求

若污水处理 PPP 项目属于已建且运营项目,在合作周期内,因政策原因需要提标改造或出现污水处理水量增加等因素,必须进行改扩建活动,则由社会资本方负责投融资、建设和运营,政府方则主要通过调整污水处理服务费单价、财政补贴等方式满足项目公司合理的收益诉求。

根据以上分析,PPP 项目运作方式选取流程如图 3-3 所示。

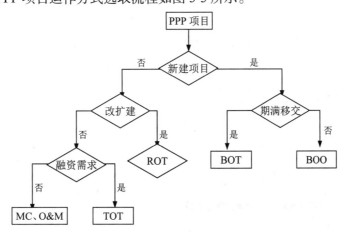

图 3-3　PPP 项目运作方式选取流程

3.3 新建污水处理 PPP 项目具体运作方式

新建污水处理 PPP 项目一般采用建设—运营—移交(BOT)方式,由项目公司承担新建项目设计、投融资、建设、运营维护及期满移交职责,政府通过一定的投资回报机制使项目公司获取合理的投资回报,当授权期限结束后将项目权益移交给相关部门。项目公司的设立主要有三种:(1)由社会资本(一家企业或企业联合体)按照市场化运作原则出资设立;(2)由政府和社会资本共同出资成立;(3)社会资本设立项目公司后,政府指定机构依法参股项目公司。

污水处理厂 BOT 模式(以政府付费的投资回报方式为例)的具体实施步骤如下:

①项目采购人通过政府采购方式选定社会资本,并与中标社会资本签订 PPP 投资协议。依据 PPP 投资协议,社会资本依法组建项目公司。

②项目公司依法组建后,由项目采购人与项目公司签订特许经营协议。根据协议,项目公司负责项目投资、建设、运营、维护及期满移交等工作。

③项目建成投入运营后,项目公司根据国家、所在省市环保行业相关规定对项目进行运营,由项目采购人对项目公司的运营绩效和履约情况进行考核,综合考量项目运营状况,依据考核结果,财政部门根据合同约定的服务单价及调价机制对项目公司进行付费。特许经营期满,项目公司将项目设施及经营权无偿移交给政府指定机构。

案例【3-1】

咸宁高新区三期污水处理厂 PPP 项目位于咸宁高新区横沟镇,属于新建项目,项目服务范围包括高新区一、二、三期和横沟桥镇及周边城镇,污水处理厂总服务面积 88.57 km²。咸宁市人民政府授权咸宁高新区管委会为项目实施机构,统筹协调项目准备和采购等工作,具体负责项目社会资本方的选择、制定社会资本准入条件和标准等工作。此外,市政府指定咸宁高新投资集团有限公司作为项目政府方出资代表,与中选社会资本合资成立项目公司,按照项目公司章程开展工作。本项目的运作方式为 BOT,投资回报机制为政府付费,具体由高新区财政局依据项目绩效考核结果,按照约定的服务单价及调价机制进行财政付费。

分析:① 项目涉及主体:项目发起机构——咸宁市人民政府;项目实施机构——咸宁高新区管委会;政府指定出资机构——咸宁高新投资集团有限公司;项目公司由中标社会资本会同咸宁高新投资集团有限公司负责组建。

② 项目涉及主要合同:《PPP 项目合同》——项目实施机构与中标社会资本签署;《合资协议》——政府指定出资机构与中标社会资本签署;《特许经营协议》——项目实施机构与项目公司签署;《融资协议》——项目公司与金融机构签署。

本项目运作方式如图 3-4 所示。

3.4 存量污水处理 PPP 项目具体运作方式

国家发改委《关于加快运用 PPP 模式盘活基础设施存量资产有关工作的通知》(发改投资〔2017〕1266 号,以下简称 1266 号文)指出,对拟采取 PPP 模式的存量基础设施项目,根据项目特点和具体情况，可通过移交——运营——移交（TOT）、改建——运营——移交（ROT）、移交——拥有——运营（TOO）、委托运营、股权合作等多种方式，将项目的资产所有权、股权、经营权、收费权等转让给社会资本。对已经采取 PPP 模式且政府方在项目公司中占有股份的存量基础设施项目，可通过股权转让等方式，将政府方持有的股权部分或全部转让给项目的社会资本方或其他投资人。对在建的基础设施项目，也可积极探索推进 PPP 模式，引入社会资本负责项目的投资、建设、运营和管理，减少项目前期推进困难等障碍，更好地吸引社会资本特别是民间资本进入。

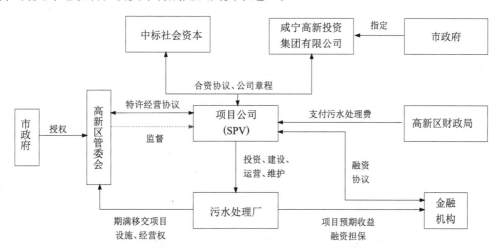

图 3-4　咸宁高新区三期污水处理厂 PPP 项目运作方式

目前，污水处理存量项目多为在建项目或拟采用 PPP 模式的存量项目，从以往投资经营模式的弊端中可以看出，推广 PPP 模式，能有效拓宽污水处理项目的资金来源，缓解政府的债务负担，吸引运营能力强、技术水平高的社会资本，提高污水处理整体效率。

（1）拟采用 PPP 模式的污水处理存量项目

拟采用 PPP 模式的污水处理项目一般已开始运营，相关的管网等配套设施已趋于完善，采用 PPP 模式的目的在于将污水处理厂的特许经营权转让。对于政府投资经营的项目，PPP 模式可缓解政府债务压力，使政府从日常烦琐的经营管理活动中抽身，有助于推进政府职能转变；对于企业租赁的项目而言，则规范了污水处理项目的经营模式，能有效解决项目存在的收益不合理、国有资产流失、监管不到位等问题。拟采用 PPP 模式的污水处理存量项目运作方式可采用 ROT 或 TOT（图 3-5），政府需要对污水处理项目的特许经营权进行回收，这个过程容易引发矛盾，因此，政府将承担一定的违约风险。同时，采用 ROT 和 TOT 方式时需要评估污水处理项目特许经营权的价值。

企业租赁转 PPP 模式的目的是为了提高污水处理项目运营效率，通过 PPP 模式规范项目的实施，双方应基于平等自愿的原则进行协商。

（2）污水处理在建项目转化为 PPP 模式的运作方式

《国务院关于加强地方政府性债务管理的意见》（国发〔2014〕43 号）指出：在建项目没有后续资金来源的情况下宜采用 PPP 模式。《国家发展改革委关于加快运用 PPP 模式盘活基础设施存量资产有关工作的通知》（发改投资〔2017〕1266 号）文也指出在建项目可以积极引入 PPP 模式推进项目。

污水处理在建项目转化为 PPP 模式时，政府需针对已完成的工程建设内容，对其所形成的资产进行评估,并通过 TOT 的方式将其移交给社会资本。当社会资本获得在建项目经营权后,按照 BOT 运作方式,成立 PPP 项目公司,完成污水处理项目未完成的建设部分并且在特许经营期对项目进行运营维护。

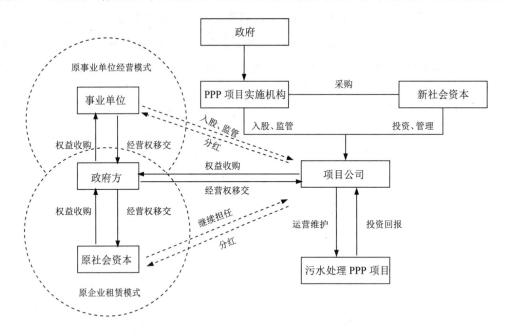

图 3-5　拟采用 PPP 模式的污水处理存量项目运作方式

总而言之,污水处理在建项目转化为 PPP 模式的具体运作方式为 TOT+BOT,此种运作方式是 TOT 模式与 BOT 模式的有机融合。

污水处理在建项目采用"TOT+BOT"运作方式时,政府首先采用 TOT 方式有偿转让污水处理在建项目的经营权,政府可将这笔资金入股新的项目公司,再采用 BOT 方式对污水处理在建项目未完成部分进行建设与运营,直至特许经营期结束政府收回经营权。有偿转让的方式能使政府从社会资本手中一次性获得一笔收益,有利于减轻政府债务压力,盘活存量资产,实现以存量换增量,有利于推动 PPP 模式下污水处理在建项目的顺利进行。

3.5　污水处理 PPP 项目收费定价机制

3.5.1　污水处理 PPP 项目收费定价机制遵循的原则

(1)依法合规原则

PPP 项目应严格遵循相关法规和规范性文件,充分发挥市场价格的决定作用,通过政府和社会资本双方协商或市场竞价方式确定合理价格标准。同时,价格部门在依法依规履行定价成本监审、价格集体审议制度的同时,还应按程序组织价格听证,广泛听取利益关联方和公众等各方面意见。

(2)合理收益原则

污水处理 PPP 项目的最终目标是为公众提供高效优质的公共服务,具有一定的公益色彩,需在充分考虑社会公众自身承受能力的基础上,合理制定项目的收费定价机制,在保证社会资本方合理利润的前提下,不出现暴利现象。

（3）公平负担原则

PPP 项目风险分担机制会影响项目的收费定价。在风险分担过程中,应坚持"谁能控制谁承担"且"在风险承受范围以内承担"的原则,合理界定风险主体,制定风险分担机制,从而在后续收费定价中,保证社会资本方的合理收益。

3.5.2　污水处理 PPP 项目定价机制影响因素

合理定价是 PPP 项目成功实施的关键,定价过高不仅损害公众利益,也违背 PPP 项目的初衷;定价过低导致社会资本无法盈利或收回投资,不利于提高社会资本参与基础设施建设的积极性。因此,合理制定价格是 PPP 项目中的重中之重。

PPP 项目定价的核心在于如何对运营期内产生的投资收益进行价值评估,即 PPP 项目产品/服务的价格直接决定项目运营期的现金流和投资项目的价值评估。从这一层面来看,污水处理 PPP 项目初始定价的关键影响因素主要有:建设期投资、项目资本金、项目特许经营期、年经营成本、年污水处理量等,此外,其价格还受现行政策以及公众承受能力的影响。

3.5.3　污水处理 PPP 项目收费定价

污水处理 PPP 项目的相关收费应满足《关于制定和调整污水处理收费标准等有关问题的通知》(发改价格〔2015〕119 号〕)以及当地关于污水处理费标准的相关管理办法。

① 初始污水处理费单价。指进入运营期第一年政府方向项目公司支付污水处理费时首次执行时的污水处理费单价,即项目公司在竞争性磋商过程中的成交污水处理费单价。

② 污水处理费标准单价。自运营之日起,由项目所在地区的物价部门根据国家和省市相关规定,进行经营成本监督审查,当运营满一年后,当地物价部门可根据成本监审结果确定经营成本,结合审计后的总投资调整固定资产折旧和无形资产摊销,制定污水处理费标准单价。

③ 污水处理费基本单价。指项目公司按约定处理不超过额定水量的污水而应全额获得的单位污水处理费,即为污水处理费标准单价下浮一定比例,该比例为项目公司成交的初始污水处理费单价相对政府方制定的磋商控制价的下浮比例,即污水处理费基本单价=污水处理费标准价格×下浮比例,也可简称为"基本单价"。

第4章　污水处理PPP项目交易结构

PPP项目交易结构是政府方与社会资本方以合同来协调双方利益关系的一种形式,其设计应在法律法规及相关政策指导下,尽可能降低交易成本和交易风险,在充分满足交易双方需求基础上,最终促成交易的成功。

污水处理PPP项目的交易结构主要包括三大部分,即投融资结构、回报机制和价格调整机制。其中,投融资结构对PPP项目至关重要,合理的投融资结构不仅可以避免股权之争,还可避免"明股实债"现象的发生。

4.1　投融资结构基本概念

一般而言,投资即企业为合法拥有更多资产或权益而投入自有资产,承担相应风险的经济活动。融资则是企业综合考虑市场现状及未来发展需求,通过相应的渠道及手段,依赖内部积累向债权人或投资者筹集资金的经营活动。

PPP项目投融资一般包括项目公司的资本构成、股权结构,项目公司设立情况,项目公司资本性支出的资金来源等。其中,国务院《关于调整和完善固定资产投资项目资本金制度的通知》(国发〔2015〕51号)中对资本金的比例有所规定:如机场、港口、沿海及内河航运项目,最低资本金比例为25%;城市轨道交通、铁路、公路、保障性住房和普通商品住房项目的最低资本金比例为20%。其他房地产开发项目的最低资本金比例为25%;其他项目的最低资本金比例为20%,通常还根据PPP项目所处阶段、收益情况、投资者资金压力等进行适当调整。

4.2　PPP项目的融资渠道

利用项目预期收益和企业自身信用,PPP项目投资方可向银行借贷相应数额的款项以达到融资的目的。由此可见,PPP项目的主要债务性投资人为银行。此外,由于污水处理项目归属于基础设施领域,故其债务资金投资人主要为国家政策性银行以及其他商业银行。

除了通过银行筹集债权资金外,PPP项目投资方还可以借助于银团进行贷款。银团是由一家金融机构牵头但由多家金融机构组成,联合向需要者提供较大金额长期贷款的组织。银团贷款利率包括固定利率和浮动利率,其贷款期限一般为7—12年左右。值得注意的是,银团贷款必须提供担保。

4.3　污水处理PPP项目投资回报机制分析

4.3.1　污水处理PPP项目投资回报机制现状分析

根据《政府和社会资本合作模式操作指南(试行)》(财金〔2014〕113号)要求,项目回报机制主要说明社会资本取得投资回报的资金来源,包括使用者付费、可行性缺口补助和政府付费等支付方式。其中,使用者付费(User Charge)是指由最终消费用户直接付费购买公共产品或服务(如供水、燃气等)。尽管此类项目的运营收入能够覆盖成本,但由于项目的公益性特征,还需政府参与调价机制的制定与监管。可行性缺口补助(Viability Funding)指使用者付费不足以满足项目的成本回收和合理回报,需由政府以财政补贴、股本投入、优惠贷款或其他优惠政策的形式,给予项目一定的经济补助。政府付费(Government Payment)即政府直接付费购买公共产品或服务,主要包括可用性付费(Availability Payment)、使用量付费(Usage Payment)和绩效付费(Performance Payment),在此方式下,政府付费依据主要为设施可用性、产品或服务的使用量、建设及运维绩效等要素。

污水处理 PPP 项目投资回报机制通常体现为政府付费方式,即项目公司通过投资、建设和运营污水处理厂,按照项目协议约定的水质、水量等提供污水处理服务,政府方按照项目协议约定的水量和水价向项目公司支付污水处理服务费,项目公司以此收回投资并获取合理回报。

目前,已入库污水处理 PPP 项目中,投资回报方式为可行性缺口补助的占比达 45%,政府付费支付方式次之,占比为 37%,图 4-1 为入库污水处理 PPP 项目投资回报方式统计分析。 财政部《污水处理费征收使用管理办法》(财税〔2014〕151 号)第四条规定"污水处理费属于政府非税收入,全额上缴地方国库,纳入地方政府性基金预算管理,实行专款专用",而污水处理费往往包含在水费中,由政府向排水单位或居民征收,项目公司不可直接收缴污水处理费,而是由政府在运营期内每年据实支付社会资本方相关费用,这种看似政府付费实则使用者付费的回报机制,在不同的污水处理 PPP 项目中所用名称并未统一,有时被称为政府付费,有时则被称为使用者付费,有时也被称为可行性缺口补助。

在政府付费类项目占比较大的情形下,为控制地方政府债务风险,财政部出台《关于规范政府和社会资本合作(PPP)综合信息平台项目库管理的通知》(财办金〔2017〕92 号)严控政府付费类项目,污水处理 PPP 项目带有一定的公益色彩,同时由于地方政府对污水处理项目涉及收支两条线的政策规定,出于此层面考虑,未来污水处理 PPP 项目以可行性缺口补助为投资回报机制的占比将进一步上升。

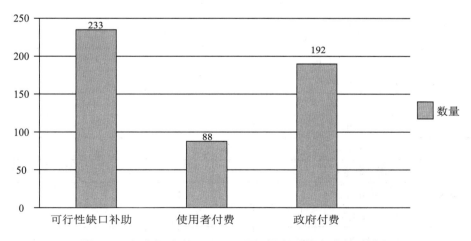

图 4-1　入库污水处理 PPP 项目投资回报方式统计分析

4.3.2 污水处理 PPP 项目收益水平

（1）内部收益率（IRR）

项目财务评价是投资项目可行性评价的重要组成部分,财务评价指标选择是否合适对评价结果起着举足轻重的作用。目前,国内采用的投资项目财务评价指标体系是以贴现现金流量指标为主、非贴现现金流量指标为辅的多种指标并存的指标体系,内部收益率（Internal Return Rate,简称 IRR）是其中应用较广泛的指标之一。采用此指标的判别标准为:若 IRR 大于等于基准收益率,则项目可行。

内部收益率（IRR）是项目计算期内各年净现值（折现现金流入扣减折现现金流出）累计值为零时的折现率。换言之,在内部收益率为折现率的情况下,项目现金流入的现值和等于其现金流出的现值和。

投资项目性质不同,内部收益率计算结果不同:

① 常规投资项目。所谓常规投资项目就是项目建设期净现金流量为负值,其他各年净现金流量均为正值,即在项目计算期内净现金流量的符号仅变化一次,该项目的内部收益率是唯一的。

② 非常规投资项目。即项目在计算期内,带负号的净现金流量不仅发生在建设期（或生产初期）,且分散在带正号的净现金流量之中,简言之,计算期内净现金流量变更多次正负号。在这种情况下,所得出的结果可能不止一个,此时要根据内部收益率的经济含义来检验确定。

内部收益率又可细分为项目投资内部收益率、资本金内部收益率以及股东投资内部收益率三种。在 PPP 项目中,多采用前两个指标来衡量项目的预期盈利能力。

（2）项目投资内部收益率

项目投资内部收益率是在项目融资前进行评价的,并未考虑资本的杠杆因素,故其反映的是未融资情况下项目本身的获利情况。项目投资内部收益率一般通过编制相应的项目投资现金流量表计算得到。一般项目投资现金流量表（假设特许经营期为 15 年）如表 4-1 所示。

表 4-1 项目投资现金流量表

序号	项目	合计	建设期		运营期					
			1	2	3	4	5	6	…	15
1	现金流入									
1.1	营业收入									
1.2	可行性缺口补助/政府付费									
1.3	回收固定资产余值									
1.4	回收流动资金									
2	现金流出									
2.1	建设投资									
2.2	流动资金		/		/	/	/	/	/	/
2.3	经营成本									
2.4	税金及附加									
3	所得税									
4	税后净现金流量（1－2－3）									

(3)项目资本金内部收益率

项目资本金内部收益率与项目投资内部收益率最大的不同在于前者考虑了融资的杠杆效应,反映的是投资者利用自有资本撬动融资后的获利情况。

确定融资需求后需要初步明确融资方案,并分析不同融资方案的资本金收益水平。项目资本金内部收益率的确定方法与项目投资内部收益率的确定方法类似,需通过编制资本金现金流量表得到。相比于项目投资现金流量表,项目资本金现金流量表中,仅现金流出项内容与其有所差异,具体表现在项目资本金现金流量表将融资结构内容("项目资本金"和"借款还本付息")替代了项目投资现金流量表的投资构成内容("建设投资"和"流动资金")。一般项目资本金现金流量表(假设特许经营期15年)如表 4-2 所示。

表 4-2 项目资本金现金流量表

序号	项目	合计	建设期		运营期					
			1	2	3	4	5	6	...	15
1	现金流入									
1.1	营业收入									
1.2	可行性缺口补助/政府付费									
1.2	回收固定资产余值									
1.3	回收流动资金									
2	现金流出									
2.1	项目资本金									
2.2	借款还本付息									
2.3	经营成本									
2.4	税金及附加									
3	所得税									
4	税后净现金流量(1−2−3)									

(4)污水处理 PPP 项目内部收益率分析

国内 PPP 项目通常采用内部收益率(IRR)来衡量 PPP 项目投资回报水平。根据《政府和社会资本合作项目财政承受能力论证指引》(财金〔2015〕21 号)规定,PPP 项目合理利润率应以商业银行中长期贷款利率水平为基准,充分考虑可用性付费、使用量付费以及绩效付费的不同情景,结合风险等因素确定。

一般在确定项目内部收益率时,往往采用多方案比选法,且选取与商业银行中长期贷款利率相近的测算值。进行方案比选前期需要明确测算值的大致区间,而往往行业不同对此的规定不尽相同。污水处理项目属于市政共用设施建设项目中的一种,根据《市政公用设施建设项目经济评价方法与参数》的规定,一般市政类项目的收益率按 5%~8%计算,因此,污水处理 PPP 项目内部收益率通常应在 4.9%~8%的范围内,具体需要根据项目所在地以及行业实际情况进行确定。

项目资本金内部收益率的判定标准为投资主体的最低可接受收益率,但由于最低可接受收益率受诸多因素的影响,如资金机会成本、投资主体风险偏好等,因此,可通过税前债务资金成本加成本溢价法或者资本资产定价模型(CAPM 模型)来确定。值得注意的是,此种确定方法,模型色彩较为严重,虽具有一定的可操作性,但由于操作烦琐,实际项目中基本不运用其确定项目资本金内部收益率。

实际 PPP 项目中,资本金内部收益率往往与项目内部收益率的计算相结合,在项目现金流量表基础上,编制相应的项目资本金现金流量表。此外,确定资本金内部收益率时要考虑两方面因素:①项目所在地区关于项目资本金内部收益率的规定;②项目资本金内部收益率的判别基准,即投资主体的最低可接受收益率。

案例【4-1】

根据《国务院关于印发水污染防治行动计划的通知》(国发〔2015〕17 号)精神,到 2020 年,全国所有县城和重点镇具备污水收集处理能力,县城、城市污水处理率分别达到 85%、95% 左右。在此要求下,湖北省政府于 2017 年颁布《省人民政府关于全面推进乡镇生活污水治理工作的意见》(鄂政发〔2017〕6 号),明确要求到 2018 年底,湖北省乡镇生活污水处理设施建设项目全面建成投产。在这种政策背景下,湖北省仙桃市乡镇生活污水处理 PPP 项目被提上议程。该项目建设内容包括建设 17 座处理设施、18 个乡镇配套污水管网、8 个乡镇配套雨水管网,旨在为仙桃市 18 个乡镇提供污水、雨水输排服务和污水处理服务,实现日处理污水能力达到 5 万立方米,出水排放标准达到《城镇污水处理设施污染物排放标准》(GB 18918—2002)一级 A 标准。综合考量项目资本金内部收益率要求以及银行融资还款等,项目的年度折现率测算值定为 5.63%,在进行项目资本金内部收益率(税后)测算时,资本金内部收益率取值不超过 6.02%,并最终取测算值 6.01% 为该项目的资本金内部收益率,据此确定项目的合理利润率为 6.01%。

分析:(1)根据行业惯例,PPP 项目基准折现率一般应不低于商业银行中长期贷款利率,即不小于 4.9%,在该项目中,折现率取值为 5.63%,符合基本规定。

(2)地区不同,项目资本金内部收益率随之有所差异。《湖北省乡镇生活污水处理 PPP 项目操作指引》中建议"项目资本金内部收益率(税后)在 6%~10% 之间",同时考虑到央企、国企及上市公司等社会资本方能接受的项目资本金内部收益率(税后)一般不低于 5.5%,加之项目资本金内部收益率以投资实体的最低可接受收益率为判别标准,故该项目选取项目资本金内部收益率(税后)取值不超过 6.02%进行测算是合理的,且取 6.01% 为资本金内部收益率符合要求。此外,由于 6.02% 大于 5.5%,故可以吸引社会资本方投资本项目,确保该项目的落地。

4.3.3 污水处理 PPP 项目调价机制

(1)PPP 项目调价

PPP 项目一般特许经营期较长,为了反映宏观经济风险的合理共担原则,需设定相应的定期调价机制。对于政府定价的服务项目,若发生政策性变动导致的价格波动,在本级政府可控范围内由政府承担相应的风险,其他情况下由政府和社会资本共担。

对于政府指导价项目和市场调价项目，运营期内根据经济环境变化与市场趋势变化，参考通货膨胀等因素，使用定期调价公式的方法进行双向调节。

（2）污水处理 PPP 项目调价公式

污水处理 PPP 项目调价内容包括保底水量与污水处理服务费单价。其中，服务费单价主要通过相应调价公式来实现。一般而言调价机制触动条件有两个：①合同履行达到一定年限；②成本变动幅度达到一定比例。

a.基础水量

污水处理 PPP 项目一般包括"厂网一体化"及"厂网分离"两种类型，前者主要是项目公司承担污水处理厂以及配套管网的建设，而后者中项目公司仅负责污水处理厂的建设，配套管网则由政府自行负责建设。一般在采用"厂网一体化"模式时，由于污水处理量可以得到很好的保证，故通常不设基础水量，但这种模式因投资额度较大，对社会资本要求普遍较高。因此，目前污水处理 PPP 项目多采用"厂网分离"模式，且以设置基础水量来保证基本收益。

b.污水处理服务价格及调整

污水处理服务费单价的设定需考虑污水处理设施处理污水的直接运营成本、折旧摊销、税金、财务费用以及利润。其中，经营成本主要为动力成本、药剂成本、自来水费成本、人工成本、维修成本、管理费及污泥处置成本等。

运营期任一年份的调整后污水处理服务费单价的计算方法是将调整前污水处理服务费单价乘以调价系数（按下述公式算出）。

$$P_n = (P_{n-3} - D) \times K + D$$

式中：P_n——第 n 年调整后的污水处理服务费单价；

　　　P_{n-3}——调整前的污水处理服务费单价；

　　　K——调价系数；

　　　D——污水处理厂污水处理服务费初始单价组成中的投资摊销费用。

$$K = a(E_n/E_{n-3}) + b(L_n/L_{n-3}) + c(S_n/S_{n-3}) + d[(CPI_n/100) \times (CPI_{n-1}/100) \times (CPI_{n-2}/100) \times (CPI_{n-3}/100)]$$

$$a+b+c+d=1$$

式中：a——电力费用在污水处理服务费单价可调价部分中所占的比例；

　　　b——人工费用在污水处理服务费单价可调价部分中所占比例；

　　　c——化学药剂费在污水处理服务费单价可调价部分中所占的比例；

　　　d——污水处理服务费单价可调价部分中除电力费用、人工费用、化学药剂费以外的其他因素在污水处理服务费单价可调价部分中所占的比例；

　　　n——第 n 年是调整污水处理服务费单价的当年；

　　　E_n——第 n 年项目公司适用的单位动力电价；

　　　E_{n-3}——第 $n-3$ 年项目公司适用的单位动力电价；

　　　L_n——第 n 年项目所在地统计局公布的在岗职工平均工资；

　　　L_{n-3}——第 $n-3$ 年项目所在地统计局公布的在岗职工平均工资；

S_n——第 n 年项目所在地统计局公布的化学药剂平均价格；

S_{n-3}——第 $n-3$ 年项目所在地统计局公布的化学药剂平均价格；

CPI_n——第 n 年项目所在地统计局公布的上一年度 CPI；

CPI_{n-1}——第 $n-1$ 年项目所在地统计局公布的上一年度 CPI；

CPI_{n-2}——第 $n-2$ 年项目所在地统计局公布的上一年度 CPI；

CPI_{n-3}——第 $n-2$ 年项目所在地统计局公布的上一年度 CPI。

一般,调整系数 K 四舍五入到小数点后 4 位,根据 K 计算得出的污水处理服务费单价四舍五入到小数点后 3 位。

由于调价程序所限,待确定调整后的污水处理服务费单价后,应从导致调价的事实发生之日的所在月开始计算调整后的污水处理服务费,并将所对应款项在调价完成后第一次支付污水处理服务费时结算并支付完毕。

（3）污水处理 PPP 项目调价机制

a.一般调整（即物价因素调整）。污水处理服务费单价原则上每三年核算调整一次,经监管方协调有关部门审核报批后执行。自特许经营期开始一年后,经政府价格主管部门进行成本监审,若动力成本、药剂成本、人工成本及 CPI 指数同比四项因素综合变化比例（即上述公式中的 K 值）超过2%或者单项因素变化比例超过10%,项目公司可以向政府方申请调整污水处理服务费。

b.特殊情况调整。由于法律法规或规范、税收政策发生变更,如国家或地方政府进水水质标准、污水排放标准、污泥排放地点、处置标准和处置方式发生变化,导致运营成本增加和投资增加时,按实际增加的单位运营成本和单位投资成本总额调整污水处理服务费单价。进行特殊调价时,双方应将引起特殊调价的因素和前次调价（不管是一般调价还是特殊情况调价）至本次特殊调价期间的一般调价因素的变化一并予以考虑。

c.调整污水处理服务费单价的程序。调整污水处理价格时,由项目公司根据规定计算调价幅度,向政府方提出调价申请,政府方应在收到申请后,7 个工作日内进行核实。若经核实客观存在,则在 30 日内报送相关部门进行批复;反之,予以驳回。相关部门在收到政府方批复申请后,应在 14 个工作日内协调组织有关部门审核。

d. 污水处理服务费的资金来源及支付计划。特许经营期内一般由政府向排水单位和个人收取污水处理费,交由财政部门设立财政专户,实行专款专用,并同时纳入预算管理,直接将污水处理费支付给项目公司。污水处理费不足以支付项目公司投资成本和合理回报的,由政府给予缺口补贴。整个特许经营期内,污水处理服务费由实施机构联合环保部门按照合同约定的污水处理量、出水水质和水量的监督检查结果,按期核定服务费。水量按日计量,按月核算,按月付费。支付程序一般为项目公司将污水处理服务费账单（附带相关计算明细及环保局出具的出水水质合格并同意支付污水处理服务费的文件）报实施机构审核,审核确认无误后将该账单交至财政部门,由财政部门据此账单支付项目公司污水处理服务费。

4.3.4　污水处理 PPP 项目回报机制

污水处理 PPP 项目中,社会资本方取得投资回报的资金来源主要由以下三部分组成:

(1)征收的污水处理费

根据《污水处理费征收使用管理办法》(财税〔2014〕151 号)规定:"向城镇排水与污水处理设施排放污水、废水的单位和个人应当缴纳污水处理费。""使用公共供水的单位和个人,其污水处理费由城镇排水主管部门委托公共供水企业在收取水费时一并代征,并在发票中单独列明污水处理费的缴款数额。""污水处理费专项用于城镇污水处理设施的建设、运行和污泥处置处理费的代征手续费支出,不得挪作他用。""缴入国库的污水处理费与地方财政补贴资金统筹使用,通过政府购买服务方式,向提供城镇排水与污水处理服务的单位支付服务费。"

(2)专项债券

政府为项目申请了当地省份发行的污水处理专项债券,债券期数一般暂定为连续三年期。此外,依据相关污水处理 PPP 项目的操作指引,专项债券作为政府方对项目的投资补助,可用于项目建设。在确保污水处理厂或污水管网建设、统一运行责任、统一核算总投资的前提下,专项债券可用于提前支付污水管网的建设投资,仍有余额可用于提前支付部分污水处理厂的建设投资。值得注意的是,PPP项目付费测算中,用专项债券提前支付的建设投资不应计算资金成本。

(3)财政资金

征收的污水处理费和专项债券不足以使社会资本方收回建设、运营成本并获得合理回报的部分,由政府方使用财政资金进行补贴。

4.3.5　污水处理 PPP 项目股东回报机制

(1)政府股东回报机制

政府方出资代表对项目公司的资本性投入,主要通过项目公司的可分配利润收回,按其在项目公司所占股权比例获得分红。

(2)社会资本方股东回报机制

社会资本方对项目公司的资本性投入主要通过分配项目公司的可分配利润收回,按其在项目公司所占股权比例获得分红。

双方最终利益分配方案以 PPP 项目合同约定为准。

第5章 合同体系

5.1 污水处理PPP项目的合同类型

污水处理PPP项目合同体系应依据发改委《政府和社会资本合作项目通用合同指南》（2014年版）、财政部《PPP项目合同指南（试行）》以及政府相关部门发布的其他污水处理设施建设法律法规和标准规范等进行设计。

污水处理PPP项目合同体系分为两个层次：

第一层次为PPP项目合同和股东协议共同构成的核心合同体系。PPP项目合同由项目实施机构与中选社会资本签署；股东协议由政府方出资代表与中选社会资本方签署。确定中选社会资本后，项目实施机构与中选社会资本方签署PPP项目合同，待成立项目公司后，由项目公司书面确认承继PPP项目合同。

第二层次为项目公司或实施机构与PPP项目推进过程中的有关主体签署的各类合同，包括项目公司与金融机构签署的融资合同、与施工总承包单位签署的建设工程施工合同、与原料/设备供应商签署的原料/设备采购合同、与保险机构签署的保险合同、与监理单位签署的工程监理合同以及与咨询机构签署的咨询服务合同等。

PPP项目合同体系如图5-1所示。

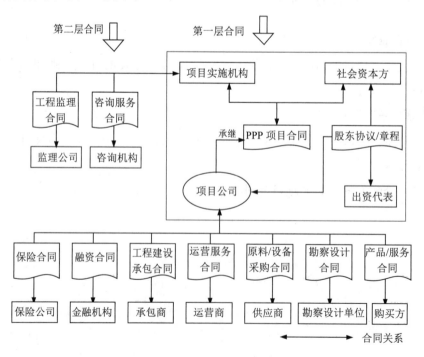

图5-1 PPP项目合同体系

5.1.1　PPP项目合同

PPP项目合同是PPP项目合同体系的核心文件,用于约定政府(或政府指定的实施机构)与社会资本方双方的项目合作内容和基本权利义务。PPP项目合同的签订方式有以下两种:

(1)政府指定的项目实施机构与中标社会资本方签订PPP项目合同,项目公司成立后,项目公司书面确认对PPP项目合同的权利义务予以承继;

(2)政府指定的项目实施机构与项目公司签订PPP项目合同。

5.1.2　股东协议

股东协议一般由政府授权出资机构与中选社会资本签订,以在股东之间建立长期的、有约束力的合约关系。股东协议应包括以下主要条款:前提条件,项目公司的设立与融资,项目公司的经营范围、股东权利,履行特许经营协议的股东承诺、股东商业计划,股权转让,股东会、董事会和监事会的组成及其职权范围,股息分配、违约、终止及终止后处理机制、不可抗力、适用法律和争议解决等。

5.1.3　融资合同

一般而言,污水处理PPP项目投资规模较大,必然有融资需求。项目的融资安排是项目实施的关键环节。广义上讲,融资合同可能包括项目公司与贷款方签订的项目贷款合同、担保人就项目贷款与贷款方签订的担保合同、政府与贷款方和项目公司签订的直接介入协议、项目公司与其他金融机构签署的融资协议等多个合同。其中,项目贷款合同是最主要的融资合同。在项目贷款合同中一般包括以下条款:陈述与保证、前提条件、偿还贷款等。贷款方往往要求项目公司以其财产或其他权益作为抵押或质押,或由其母公司提供某种形式的担保,或由政府做出某种承诺。这些融资保障措施通常会在担保合同、直接介入协议以及PPP项目合同中予以描述。

5.1.4　保险合同

由于污水处理PPP项目投资规模较大,生命周期较长,负责项目实施的项目公司及其他相关参与方通常需要对项目融资、建设、运营等不同阶段的不同类型的风险分别进行投保。项目保险合同涉及建筑工程一切险、安装工程一切险、第三者责任险等。此外,施工总承包企业通常要为从事危险作业职工办理意外伤害保险,其他专业服务企业通常要针对设计咨询或其他专业服务办理执业责任保险。

5.1.5　建设工程施工合同

若污水处理PPP项目为新建项目,社会资本方本身不具备自行设计及施工能力的,可由项目公司将项目设计、施工等工作委托具有相应资质和业绩的工程总承包商完成,由项目公司与工程总承包商签订工程总承包合同;或分别委托具有相应设计、施工资质的承包商完成,分别与其签订承包合同。

5.1.6　运营服务合同

污水处理PPP项目不论采取何种运作方式,均有运营维护需求。项目公司可以独立完成项目运营维护工作,也可以将项目的全部或部分运营维护工作外包给专业运营公司。当项目公司将项目的全部或部分运营维护工作外包给专业运营公司时,项目公司需与外包专业运营公司签订运营服务合同。

5.1.7 工程监理合同

在建设期,可由实施机构或项目公司与监理单位签署工程监理合同,以加强对项目建设的监管。鉴于项目工程承包商有可能是项目公司的控股股东,即中选社会资本方,为确保监理企业能公正、客观地提供监理咨询服务,切实保障其工作的独立性,工程监理合同宜由实施机构与监理单位签署,工程监理费纳入项目总投资,由项目公司支付。

5.1.8 咨询服务合同

在项目的建设期或运营期,项目公司或实施机构或政府其他部门可与第三方咨询机构签订咨询服务合同,由咨询机构提供各类工程咨询服务。

5.2 项目合同核心内容

5.2.1 污水处理 PPP 项目权利义务边界

权利和义务是 PPP 项目合同的重要内容之一。界定权利,明确义务,便于合同双方在 PPP 项目实施过程中主张权利和履行义务。因此,PPP 项目合同应集中列出合同主体及相关各方的主要权利和义务。

根据 PPP 项目合同体系可知,PPP 项目合同在不同阶段,其合同参与主体不同,具体如表 5-1 所示。

表 5-1 PPP 项目合同不同阶段参与主体

阶段	合同类型	合同主导方	具体合同参与主体
项目决策阶段	PPP 项目合同	政府方/实施机构	政府方
			实施机构
			社会资本
			项目公司
项目融资阶段	融资合同	项目公司	金融机构
			项目公司
	股东协议	政府授权出资机构	政府授权出资机构
			社会资本方
项目建设阶段	建设工程施工合同	项目公司	项目公司
			施工总承包商
项目运营阶段	运营服务合同	项目公司	项目公司
			运营服务商
项目咨询服务	咨询服务合同	实施机构/项目公司	项目实施机构
			项目公司
			咨询服务机构

PPP 项目建设阶段、运营阶段的合同与传统项目的合同相类似,合同双方的权利和义务没有太大差别。在此仅界定政府方和社会资本方在 PPP 项目合同中的权利与义务。

(1)政府方权利和义务

①政府方不同阶段的权利见表 5-2。就整个 PPP 项目而言,政府方的权利演变主要为前期决策—中期监管—后期评价。一旦社会资本被确定,从项目公司的投资建设开始,政府方的角色倾向于监督,如项目融资资金是否到位、资金使用是否合理、项目建设是否满足进度要求、项目建设质量是否满足质量规定等。此外,政府方还可以根据《特许经营协议》中的约定,收取相应的特许经营权转让费。

表 5-2　政府方不同阶段的权利

阶段	政府方权利
投资建设阶段	监督项目融资情况
	监督建设资金到位情况
	监督资金使用情况
	监督项目建设进度
	监督项目建设质量
	监督安全防范措施
运营阶段	核查项目公司安全生产情况
	监测出水水质
	核查环保措施
	核查设施质量
	受理公众投诉
	监测服务水平
	公布评估结果
	有权对项目公司的违约运营进行处罚或兑取履约保函
移交阶段	委托资产评估
	水质测试
	要求项目公司完成恢复性修理或提交维修保函等

在政府方实施监督管理的过程中,政府方或其授权机构有权指派专门人员进入项目,监督项目设施的运行和维护,了解项目公司生产信息。此外,政府方在下列三种情况下,还拥有收回项目特许经营权或临时接管项目的权利:

a.项目公司违反特许经营协议相关规定造成严重后果;

b.发生紧急情况,可能影响公众利益;

c.项目公司严重违约。

②政府方义务主要侧重于项目前期和特许经营期的保障与协调。在项目前期,政府方需按照项目推进要求取得土地使用权、完成征地拆迁及可研报告批复。当项目进入特许经营期后,政府方需协助项目公司根据相关政策法规获得与项目相关的税收优惠,协调项目公司与相关政府部门关系以及协

助项目公司办理有关政府部门所要求的批准并保持批准有效等,见表 5-3。

表 5-3　政府方义务

阶段	政府方主要义务
项目前期准备阶段	获取土地使用权
	征地拆迁及安置补偿
	提供必要条件
	提供相关配套设施
	组织编制可研报告、环评等前期工作并取得批复文件
特许经营阶段	授予项目公司特许经营权
	保证项目公司特许经营权在整个特许期内始终持续有效
	提供约定的污水进水量
	建立健全污水处理费征收体系
	制定合理的收费标准
	适时调整污水处理费征收标准
	根据 PPP 项目合同约定及时、足额向项目公司支付污水处理服务费
	安排污泥处置地点、协调污泥处置事项
	协调项目公司与相关政府部门关系
	不干预项目公司正常运营活动
	协助项目公司办理有关政府部门所要求的批准和保持批准有效
	按 PPP 项目合同约定给予税收优惠

政府方在履行义务时应注意以下两点:

a.完成项目前期成果交底。整体而言,污水处理 PPP 项目前期成果除一般 PPP 项目的规划选址、可研报告、环评、地质勘查报告等外,还包括排污口设施许可等。在签订 PPP 项目合同后,应及时将项目前期资料交付组建的项目公司。关于前期工作费用问题,政府方可在招标文件中约定由项目公司或社会资本支付,比如在谈判备忘录以及 PPP 项目合同中约定政府对前期费用支出的金额计入项目总投资,以此作为政府入股项目公司股本金。这种情况下,一旦 PPP 项目招商失败,前期费用只能由政府自行兜底。

b.合理支付项目公司污水处理费。污水处理 PPP 项目一般由政府向项目公司支付污水处理费,并将其纳入价格听证目录,接受公众监督。因此,政府应在满足法律法规要求的基础上,充分考虑社会公众的价格承受能力以及项目公司履约下限,制定合理的投资回报机制。

（2）项目公司权利和义务

由于在 PPP 项目初期(项目筛选、项目论证、项目决策等阶段),项目公司尚未组建,因此,项目公司的权利和义务主要集中在项目建设阶段以及特许运营阶段。在项目建设阶段,项目公司最大的权利是可以不受政府干预,自主开展项目建设活动;而在特许运营阶段,依据约定收取污水处理费以获得合理收益是项目公司权利之一,在这一过程中,项目公司需要接受来自政府以及社会公众等的监督。项目公司权利见表 5-4。

表 5-4　项目公司权利

阶段	权利
项目建设阶段	享有项目投资建设的权利
	自主开展项目投资、融资、建设等活动
特许运营阶段	自主进行项目运营及维护等经营活动
	按约定收取污水处理服务费及管网使用费
	有权按特许经营协议约定申请调整污水处理服务费单价
	有权请求政府有关部门制止和排除侵害特许经营权的行为
	政策法规和特许经营协议规定的其他权利

　　项目公司义务侧重于建设投资的承担、部分风险的控制以及服务水平的保证三方面。项目公司有自主建设、运营的权利,同时也需履行与建设相对应的责任与风险,如项目管理责任、建设成本超支风险、建设质量风险、完工延误风险以及后期出水水质不达标风险等。在特许经营期内,项目公司应根据项目合同约定,保证按照适用法律、标准规范以及谨慎运营惯例来经营项目设施,使其处于良好运营状况并能在运营参数范围内安全稳定地提供污水处理服务。整体而言,项目公司在建设阶段、特许经营阶段的义务可以总结如表 5-5 所示。

表 5-5　项目公司义务

阶段	义务
项目建设阶段	负责项目的建设,承担相应的建设责任与风险
	配置具有相应资质的技术、财务等专业人员
	按照国家建设标准完成项目建设
	配合政府方的绩效考核工作
特许运营阶段	按《特许经营协议》约定按时足额缴纳特许经营权转让费
	接受政府和其他政府有关部门的监督管理
	申请调整污水处理费单价时协助政府有关部门审核公司经营成本
	提供符合标准的污水处理服务
	未经政府方批准,不可擅自停止或暂停建设及运维服务
	负责处理污水处理厂产生的污泥
	将产生的污泥进行脱水并送至政府指定地点
	按照适用法律和特许经营协议落实安全生产任务
	购买运营期保险
	接受并配合相关部门对污水处理厂(及配套管网工程)的检查、抽查和评估
	接受和配合社会公众的监督

　　除了上述义务外,在界定项目公司义务时,还需注意以下几点:

　　a.特许经营期内,项目公司不得减少注册资本金,不得转让、解散项目公司,经政府同意的除外。根据《国务院关于调整固定资产投资项目资本金比例的通知》，污水处理PPP项目资本金最低比例为项目总投资的20%。在PPP项目合同中，应加入股权锁定期，即项目公司不得在某一时间内转让股权。若项目公司欲于股权锁定期转让股权的，必须经政府方书面同意，否则股权转让无效。股权锁定期结束，项目公司转让股权的，需向政府方备案。

b.项目公司在依法缴纳相关税费的同时，享有增值税优惠待遇。对于符合相关技术标准和条件的污水处理厂出水、污泥处理处置劳务以及污水处理劳务，《资源综合利用产品和劳务增值税优惠目录》规定，其增值税退税比例分别为0.5、0.7、0.7。

c.项目公司不具备以其财产或以PPP项目所有权及权益进行担保的权利，经政府方书面同意，项目公司质押污水处理服务费收费权的除外。《政府与社会资本合作项目通用合同指南》第八条第五款指出，项目资产权属即明确项目各阶段的有形与无形资产所有权、使用权、收益权、处置权的归属。如污水处理PPP项目用地属于城市基础设施用地，其土地取得方式一般为划拨。故在PPP项目合同中应明确项目公司不可转让项目土地使用权给第三方或者更改土地的使用性质。

（3）社会资本方权利和义务

社会资本方权利主要集中在以下两点：

① 按照股东协议的约定回收投资成本，取得投资回报；

② 对污水处理PPP项目实施过程进行组织协调。

社会资本方主要义务主要集中在以下三点：

① 按照股东协议的约定注册成立项目公司；

② 负责按约定情况对项目公司进行出资，负责项目建设所需债务资金的融入；

③ 负责指导、协调项目公司的各项经营活动等。

5.2.2 污水处理PPP项目交易边界

（1）特许经营期

《基础设施和公用事业特许经营管理办法》规定，基础设施和公用事业特许经营期限应当根据行业特点、所提供公共产品或服务需求、项目生命周期、投资回收期等综合因素确定，最长不超过30年。对于投资规模大、回报周期长的基础设施和公用事业特许经营项目可以由政府或其授权部门与特许经营者根据项目实际情况，约定超过前款规定的特许经营期限。目前，我国针对PPP项目的特许经营期（包括建设期）一般要求不低于10年。

由于项目特许经营期不同，项目的营业收入总额、总成本费用总额、利息支出总额、利润总额、折旧摊销费等指标随之发生相应变化，故在确定项目特许经营期前，需要进行多方案比选，目前较为常用的有两种方法：①假定不同的特许经营期及合理利润率，比较相应的项目投资内部收益率和项目资本金内部收益率；②假定不同的特许经营期及贴现率，比较相应的项目投资内部收益率，并辅之以投资回收期及财务净现值（NPV）指标作为参考。

其中，NPV是反映投资方案在计算期内获利能力的动态评价指标，具体为将项目在整个计算期内各年发生的净现金流量按照基准贴现率折现到建设期初的现值之和。

$$NPV = \sum_{i=0;t=1}^{n} (CI-CO)_t (1+i_c)^{-t}$$

式中：NPV——财务净现值；

$(CI\text{-}CO)_t$——第 t 年的净现金流量；

i_c——基准折现率，一般参照中长期商业银行贷款利率以及项目所在地地方政府债券利率等综合取定；

n——计算期。

动态投资回收期即在考虑资金时间价值的前提下，以方案的净收益回收项目全部投入资金所需要的时间，反映投资方案盈利能力。

动态投资回收期 P_t'=（累计折现值出现正值的年份数－1）+上年累计折现值的绝对值/出现正值年份的折现值。

单一方案是否可行的判别准则为：

a. 项目内部收益率大于或等于行业基准收益率；

b. 项目投资回收期小于或等于行业基准投资回收期；

c. 项目财务净现值大于或等于零。

多方案比选时，一般选择内部收益率和财务净现值相对较大且投资回收期相对较短的方案。

（2）基本水量

在"厂网分开"而非"厂网一体化"污水处理 PPP 项目中，一般由地方政府负责污水水管网投资建设，这就导致社会资本难以管控实际运营中的污水处理量。如果在 PPP 项目合同中，地方政府不设定最低污水处理量值，极易出现社会资本因无法判断运营风险而增加投资成本，为获得合理利润而提高污水处理服务费的现象。为防止这一情况的发生，合理分担污水处理量变动风险，对"厂网分开"的污水处理 PPP 项目，在其合同中约定基本水量条款是合理且必要的。

基本水量是触发污水处理调价机制的界限。当运营期实际污水处理水量与基本水量一致时，政府直接按照基本水量乘以污水处理服务单价来支付污水处理服务费。当运营期实际污水处理水量高于基本水量时，污水处理服务费包括两部分：一部分是基本水量对应的服务费；另一部分是超额污水处理量所对应的服务费。当运营期实际污水处理水量低于基本水量时，为避免"固定承诺"风险，可引入"不足单价"，即此情况下需支付的污水处理服务费为扣除实际污水处理水量与基本水量差值部分未发生的运营成本后的数值。

不论实际污水处理水量高于还是低于基本水量，均需按照以下公式对污水处理服务费单价进行调整，从而得到相应的超额污水处理服务费单价或不足污水处理服务费单价。

$$P_n' = P_n \times K$$

其中，P_n' 为调整后不足污水处理服务费单价或超额污水处理服务费单价；P_n 为调整前不足污水处理服务费单价或超额污水处理服务费单价，K 为调价系数。

案例【5-1】

湖北省洪湖市乡镇污水处理厂新建及提标升级项目属于"存量+新建"项目，约定污水处理服务费支付计算方式如表 5-6 所示。

表 5-6　湖北省洪湖市乡镇污水处理厂污水处理服务费设计

序号	情况	服务费
1	该期间实际处理水量=季度基本水量	基本水量×污水处理服务费单价
2	该期间实际处理水量>季度基本水量	基本水量×污水处理服务费单价+(实际处理量-季度基本水量)×超额污水处理服务费单价
3	该期间实际处理水量<季度基本水量	基本水量×污水处理服务费单价-(季度基本水量-实际处理量)×不足污水处理服务费单价

表中:不足污水处理服务费单价=污水处理服务费单价×70%

　　　超额污水处理服务费单价=污水处理服务费单价×55%

(3)收费定价调整机制

由于 PPP 项目投资规模较大,合作周期较长,成本变化影响因素多,因此,PPP 项目收费定价标准应根据项目合作期间影响成本变化的特定因素,设定相应的调价条件(如调价周期、调价因素的变化幅度)及调价启动机制。当达到约定的调价条件时,项目公司可向政府或其指定机构申请启动调价程序,并按 PPP 项目合同约定的调价方法制定调价方案,由政府或其指定机构组织相关政府部门审核通过后方可调整价格。

常见的成本变化影响因素有消费者物价指数、生产者物价指数、劳动力市场指数、利率变动、汇率变动等。调价因素的选择要根据项目性质和风险分配方案确定,并综合考虑该因素能否反映成本变化的真实情况及是否具有可操作性等。

项目收费定价调整可分为定期调价和应急调价。定期调价具有特定的周期,如从项目运营期起,每两年调整一次等;而当影响政府付费金额的因素出现剧烈变化时,可启动应急调价。

5.2.3　**污水处理 PPP 项目履约保障边界**

(1)强制保险方案

在项目合同谈判中,通常只有在最后阶段才会谈及项目相关的保险问题,因此,这一问题极易被有关各方所忽略,而有无保险及保险覆盖范围等恰恰是 PPP 项目风险的核心。财政部制定的《PPP 项目合同指南(试行)》中列举了六种可供选择的险种:(1)货物运输保险;(2)建筑工程一切险;(3)安装工程一切险;(4)第三者责任险;(5)施工机具综合保险;(6)雇主责任险。国家发改委颁布的《PPP 项目通用合同指南(2014 版)》中工程建设保险除包含(2)、(3)两个险种外,还包括建筑施工人员团体以外的伤害保险等,并明确指出要注意保险期限与项目运营期相关保险在时间上的衔接。此外,国家发改委合同指南中强调,PPP 项目合同需针对运营期约定投保险种、保险范围、保险责任期间、投保额度、投保人以及受益人等。

在 PPP 项目的不同阶段,强制保险种类不同,大致可归纳如表 5-7 所示。

表 5-7　PPP 项目强制保险险种

序号	项目阶段	保险名称	购买主体
1	建设期	建筑工程一切险	项目公司
2		安装工程一切险	项目公司
3		第三者责任险	项目公司
4		雇主责任险	项目公司
5	运营期	第三者责任险	项目公司
6		雇主责任险	项目公司

(2)履约保函体系

履约保函具有一定的弹性,有些项目会因本身已设置了保证项目公司按合同履约的机制而选择不采取履约保函形式来约束项目公司履约。如若约定提供履约保函,通常履约保函体系需覆盖整个项目合作期,由投资者竞标保函、建设期履约保函、运营维护保函和移交维修保函等组成。

a. 投资者竞标保函

投资者竞标保函是为防止潜在社会资本方恶意竞争,确保中选社会资本方按照投标文件签订PPP项目合同而设置的。《政府采购法实施条例》第三十三条第一款规定:投资者竞标保函的金额不超过采购项目预算金额的2%;一旦确定中选社会资本方,且中选社会资本方与政府指定的实施机构正式签署PPP项目合同后,政府方需最迟在合同签订后五日内,向中选社会资本方及未中选社会资本方退还本金以及银行同期存款利息。若中选社会资本方未在规定时间内与政府指定的实施机构签约,政府方有权没收投资者竞标保函。

b. 建设期履约保函

政府方可以在招标文件中要求社会资本方或项目公司向政府提交建设期履约保函,以确保社会资本方或项目公司在建设期能按照PPP项目合同约定的规范、标准进行建设且能按时完工。PPP项目的建设期履约保函与传统工程项目中关于履约保证金的约定相一致。通常建设期履约保函的金额不超过合同价格的10%,保函的有效期为从PPP项目合同全部生效之日起至建设期结束。一旦社会资本方或项目公司未按照合同约定的工程建设规范、标准和期限完成项目的建设,政府方有权提取建设期履约保函项下的全部或部分金额。

c. 运营维护保函

与建设期履约保函不同的是,并非所有的污水处理PPP项目都会涉及项目建设过程,但基本上均会含有运营维护阶段。项目后期运营维护时间往往占据项目合作期较大比重,为确保项目公司在这一期限内提供优质高效的污水处理服务,政府可以要求项目公司提交运营维护保函。关于运营维护保证金数额的大小并没有明确的规定,财政部《PPP项目合同指南(试行)》中仅提及运营维护保函的有效期通常视具体项目而定,可以持续到项目运营维护终止。在项目运营维护期内,项目公司有义务保证该保函的金额一直保持在一个规定的金额,一旦低于该金额,项目公司应当及时将该保函恢复至该规定金额。若项目公司在运营维护期,未按照PPP项目合同约定运营维护项目,政府方有权提取该保函项下的全部或部分金额。

d. 移交维修保函

在项目移交之前,项目设施的损坏等风险全部或部分由社会资本方或项目公司承担,一旦项目移交,相关风险转移到政府方。为避免政府方承担额外的风险,确保项目公司能履行其维修责任,财政部《PPP 项目合同指南(试行)》中规定:PPP 项目可以约定移交维修保函。移交维修保函提交时点设定在合作期满终止日 12 个月之前,担保至期满移交后的 12 个月届满。与履约保证金相类似,若项目公司未按照 PPP 项目合同约定移交维修项目,政府方有权提取该保函项下的全部或部分金额。

污水处理 PPP 项目的履约保函体系如表 5-8 所示。

表 5-8　污水处理 PPP 项目履约保函体系

条款	投资者竞标保函	建设期履约保函	运营维护保函	移交维修保函
提交主体	社会资本	项目公司	项目公司	项目公司
提交时间	递交投标响应文件的同时	正式签署 PPP 项目合同的同时	项目获得商业运营许可的同时	最后一个运营年开始前
退还时间	签订 PPP 项目合同的同时	项目完成竣工验收且项目公司递交运营维护保证金后	项目公司递交移交维修保证金后	移交完毕且质量保证期满后
受益人	政府	政府	政府	政府
保证金金额	不超过投标总价的 2%	不超过合同价格的 10%	视具体项目而定	视具体项目而定
担保事项	投标响应文件承诺的履行、合同签署、项目公司设立及建设期履约保函提交等	项目公司能按照合同约定完成项目建设,并通过竣工验收;运营维护保函提交等	项目公司能按照合同约定保证项目正常运营;移交维修保函提交等	项目公司能按期完成项目移交,并符合相关移交标准等

5.2.4　污水处理 PPP 项目调整衔接边界

调整衔接边界主要包括应急处置、临时接管和提前终止、合同变更、合同展期以及项目新增改扩建需求等应对措施。前两项的实质是项目公司违约时的一种政府介入机制,后三项则为合同的变更。

(1)应急处置

项目应急处置条款服务于项目实施过程中遭受突发性情况。此条款的设置应在《中华人民共和国突发事件应对法》相关条文基础上,综合考虑项目自身需求,明确应急预案内容、实施程序、实施主体及操作流程等。一般而言,应急预案由项目公司编制并报政府批准。一旦突发事件发生,项目公司需及时向项目所在地人民政府或人民政府有关部门报告,并由项目公司成立的应急处理小组具体执行。

(2)临时接管

当 PPP 项目相关协议提前终止时,政府有关部门应采取有效措施,保证公共服务的正常提供;必要时,经本级人民政府同意,可以临时接管合作项目,社会资本方应当予以必要配合。

临时接管是政府在特定情况下对特许经营者所管理的公用事业采取的强制性接收行为,但仅为对被接管方经营管理权的临时中止或取消,具有较强的临时性和过渡性。关于临时接管时限问题,目前尚未形成统一约定,仅在《山西省市政公用事业特许经营管理条例》与《湖南省市政公用事业特许经营条例》中规定了临时接管期限为三个月。

一般情况下,自PPP项目合同体系中相关合同与协议生效后,发生下列情形的,政府或其指定的实施机构可以临时接管项目资产和相关权利:

- 擅自转让、出租或质押特许经营权;
- 擅自停业、歇业;
- 擅自处分项目设施及资产;
- 因管理不善发生重大质量、生产安全事故;
- 因经营管理不善等原因,造成财务状况严重恶化;
- 法人主体资格终止或被撤销的;
- 法律、法规、规章规定的其他情形等。

社会资本方违反PPP项目合同约定,导致项目运行状况恶化,危及国家安全和重大公共利益,或严重影响公共产品和服务持续稳定供给的,本级人民政府有权指定项目实施机构或其他机构临时接管项目,直至项目恢复正常经营或提前终止。临时接管项目所产生的一切费用,由违约方单独承担或由各责任方分担。

在项目建设期,社会资本方违反 PPP 项目合同约定,导致无法按照合同约定完成项目建设,危及国家安全和重大公共利益,或严重影响公共产品和服务持续稳定供给时,政府决定提前终止本PPP 项目协议之前,实施机构应临时接管项目在建工程和进场材料设备,并通过政府采购另行选定本项目新的社会资本方取代原来的社会资本方。临时接管项目所产生的一切费用,由社会资本方单独承担。

在项目运营维护期,社会资本方违反PPP项目合同约定,导致项目运行状况恶化,危及国家安全和重大公共利益,或严重影响公共产品和服务持续稳定供给时,政府决定提前终止本PPP项目协议之前,应指定实施机构或国有企业单位临时接管项目资产并进行正常运营,或通过政府采购另行确定新的社会资本方运营维护本项目,确保项目能够持续稳定地供给公共产品和公共服务。临时接管项目所产生的一切费用,由社会资本方单独承担。

(3)提前终止

财政部《PPP项目合同指南(试行)》第十八节明确指出,提前终止条款是PPP项目合同的重要条款之一,当发生以下四种情形时,可以启动提前终止程序:

- 政府方违约事件;
- 项目公司违约事件;
- 政府方选择终止;
- 不可抗力事件。

上述情形的具体内容如表5-9所示。

表 5-9　提前终止合同的条件

情形	政府方违约	项目公司违约	政府方选择终止
内容	1.未按合同约定向项目公司付费或提供补助达到一定期限或金额的 2.违反合同约定转让 PPP 项目合同项下义务 3.发生政府方可控的对项目设施或项目公司股份的征收或征用的 4.发生政府方可控的法律变更导致 PPP 项目合同无法继续履行的 5.其他违反 PPP 项目合同项下义务并导致项目公司无法履行合同的情形等	1.未在约定时间内实现约定的建设进度或顺利完工、开始运营,且逾期超过一定期限的 2.破产或资不抵债的 3.未按照规定的要求和标准提供产品或服务,情节严重或造成严重后果的 4.违反合同约定的股权变更限制的 5.未按合同约定为 PPP 项目或相关资产购买保险的	1.PPP 项目所提供的公共产品或服务已经不合适或不再需要 2.影响到公共安全和公共利益
权利主张者	项目公司	政府方	项目公司

（4）提前终止补偿范围

① 政府方违约导致的合同终止的补偿范围

a.项目公司用于实施本项目而发生且尚未偿还的所有贷款（包括剩余贷款本金和利息、逾期偿还的利息和罚息、提前还贷违约金）；

b.项目公司股东在项目终止之前投资项目的资金总和（以经审计的金额为准）；

c.因项目提前终止所产生的第三方费用或其他费用（包括支付承包商的违约金、雇员的补偿金）；

d.合理补偿项目公司的利润损失。

一般的补偿原则：确保项目公司不会因项目提前终止而受损或获得额外收益,即项目公司获得的补偿为实际投资的经济收益（具体补偿金额在 PPP 项目合同中约定）。

② 项目公司违约导致的合同终止补偿范围

补偿方式包括市场价值法和账面价值法。前者是按照合同终止时合同的市场价值计算补偿金额；后者按照项目资产的账面价值计算补偿金额,侧重于关注资产本身的价值而非合同的价值。两种补偿方式的一般原则都是尽量避免政府不当得利且能够吸引融资方的融资,通常还要扣除政府因该终止而产生的相关费用和损失。

③ 自然不可抗力导致的合同终止的补偿范围

由于自然不可抗力属于双方均无过错的事件,一般原则是由双方共同分摊风险,各自损失各自承担（具体补偿金额在《PPP 项目合同》中约定）。

（5）合同变更

依据《中华人民共和国合同法》,当出现下列情形时,经过政府和社会资本方（或项目公司）友好协商,可以对本 PPP 项目合同的相关条款进行变更：

- 发生不可抗力事件；
- 发生法律变更；
- 合同各方协商一致；
- 法律规定或合同各方约定的其他事由。

（6）合同展期

根据项目实际情况，当出现下列情形时，经过政府和社会资本方（或项目公司）友好协商，可以延长PPP项目合作期限：

- 因政府方违约导致项目公司延误履行其义务（如政府方股权资金延期到位、政府方负责设计的图纸延期交付等）；
- 因发生政府方应承担的风险导致项目公司延误履行其义务；
- 经双方协商一致且在合同中约定的其他事由。

由于上述原因导致PPP项目建设期延长的，可以延长PPP项目合作期限以保持PPP项目合同的运营维护期不变。

PPP项目合作期届满后，根据项目运营维护实际情况，若社会资本方愿意继续运营本项目，社会资本方可以参与项目下一运营周期的采购，在同等条件下，拥有优先续约权。

（7）项目新增改扩建需求

PPP项目在运营维护期有改扩建需求时，政府和中选社会资本方（或项目公司）应协商制定详细的改扩建设计与施工方案，妥善处理好项目运营维护与改扩建建设施工的关系，尽量不影响项目的运营维护或尽量将影响降至最低。

PPP项目在运营维护期的改扩建投资支出（建设成本），其可用性付费的计算方法与原计算方法一致，其运营补贴周期为改扩建完成之日起至本PPP项目合作期结束。

5.3　污水处理PPP项目合同特性条款

（1）污水处理PPP项目合同的污水供应

项目运营期间，项目公司每日处理的污水均由政府提供，污水进水量及污水进水水质均会影响运营期污水处理量的大小。因此，在污水处理PPP项目合同中，应明确政府每日提供污水进水的数量、水质标准等，设计污水进水量不足/超额或污水进水水质超标条款，例如：因政府方原因造成污水进水水质超标，项目公司有权要求政府方给予适当补偿；污水进水水质超标但在污水处理项目处理能力范围的，因处理负荷而带来的成本增加部分由政府方承担；反之，若超过污水处理项目自身处理能力范围，则由政府方与项目公司共同协商处理方法，制定相应的改造方案，经政府方同意后实施，其改造费用由政府方承担。

（2）土地获取方式

污水处理项目用地属于城市基础设施用地，按照《划拨用地目录》（国土资源部令第9号），其土地可通过划拨方式取得。但《节约集约利用土地规定》第五章第二十一条规定，国家扩大国有土地有偿使用范围，减少非公益性用地划拨，除军事、保障性住房和涉及国家安全和公共秩序的特殊用地可以划拨方式供应外,国家机关办公和交通、能源、水利等基础设施(产业)、城市基础设施以及各类社会事业用地中的经营性用地,实行有偿使用。由于国家法律与国土资源部的规定有所冲突,导致目前存在划拨或出让两种获取污水处理项目用地方式。不同的获取方式会直接影响项目公司的投资成本。因此,对于以出让方式获取项目用地的,政府方应给予适当的补偿。

(3)调价机制

调价机制可在合同中约定,但污水处理项目关系到社会公众利益,需要进行价格听证。一旦价格调整在听证中未获通过,项目公司可能因无法盈利而出现消极运行或二次谈判的情况。若政府方与项目公司无法就价格调整达成共识,极易造成项目被迫提前终止的后果。为避免项目在运营期出现上述纠纷,政府方与项目公司可在合同中约定相关条款:合同约定的调价机制若未通过价格听证,因调价风险处于政府可控范围内,政府方需对项目公司进行相应的补偿。

第6章　监管结构

6.1　污水处理 PPP 项目授权关系

污水处理 PPP 项目授权关系主要包括政府对污水处理 PPP 项目实施机构的授权，以及政府直接或通过实施机构对社会资本方的授权。

6.1.1　政府对项目实施机构的授权

在污水处理 PPP 项目中，地方政府可按照相关要求，授权相应的行业管理部门、事业单位作为项目实施机构。被授权的实施机构在授权范围内负责组织污水处理 PPP 项目的前期评估论证、实施方案编制、合作伙伴选择、PPP 项目合同签订、项目组织实施、监督管理、绩效评价以及合作期满移交等工作。

6.1.2　政府对社会资本方的授权

确定社会资本方后，政府可直接或通过项目实施机构授予社会资本或项目公司《PPP项目合同》约定的特许经营权。社会资本方或项目公司根据授权，在合作范围及特许经营期内负责污水处理 PPP 项目的投融资建设、运营维护、更新改造等工作。

6.2　污水处理 PPP 项目监管机制

6.2.1　监管原则

（1）依法监管

政府依法授权污水处理 PPP 项目监管机构与监督部门相应监管职责时，应合理制订职责清单，明晰职责划分，明确各监管主体职责范围、监管程序，有效规避政府相关行业管理部门监管职能界定不清晰、分工不明确、职能交叉和多重监管等问题。监管机构及监管人员履行监管职责及监督义务时，应严格遵守国家及地方政府相关法律法规及政策文件规定，确保监管行为在现有法律法规约束下进行，将法律法规视为监管过程、执行方式的根本遵循和指导理念，以规范监管主体行为，减少监管工作随意性，降低权力膨胀和权力寻租风险，确保监管工作有序高效开展。同时，应强化监管体系下的问责机制作用，加大对慢作为、不作为的失职、渎职打击力度，增加滥用职权、徇私舞弊、贪污腐败的违法成本，增强法律威慑与约束效用，让监管机构、监管人员知法、畏法、守法，在行使监管权利时做到有法可依、有法必依。

（2）约束与激励相结合

污水处理 PPP 项目政府监管应采取约束与激励相结合的举措。污水处理 PPP 项目是具有社会公共属性的基础设施项目,其实施顺利与否、是否满足公众预期关乎社会福利。因此,监管机构与监管人员须加强对社会资本或项目公司在全生命周期内投融资、建设、运营维护、移交等各阶段行为的约束效力,严格把控项目提供的产品、服务质量,对污水处理厂及配套管网的建设质量、验收标准进行严格把关,对出水水质、污水处理量、污泥处理量、空气质量等产出绩效指标进行严格动态监测。

鉴于社会资本或项目公司是市场经济中的逐利体,为使污水处理 PPP 项目更好实现公共效益,在加强对项目投融资、建设、运维和移交等全生命周期过程监管力度时,政府可采取一系列灵活的政策措施激励社会资本或项目公司努力提升管理水平,降低生产成本,提高污水处理效率和出水质量,满足其收回全部投资并获取合理经济回报的目标。

(3)公开透明

在设计污水处理 PPP 项目监管机制时,政府应注重外部监督功能,除涉及国家机密、公共安全、商业机密等依法可不予公开的信息外,政府部门应通过有关线上线下平台对监管内容、执行过程和调查结果等项目相关信息进行及时、准确的公开,使监管流程和监管行为公开化、透明化,保证社会公众的知情权、监督权,主动了解公众意愿,接受公众评价,创造公开、公平、公正的监管环境,有效利用舆论监督、媒体监督和群众监督的作用,防止监管机构和监管人员滥用职权以及损害公共利益行为的发生。

(4)科学高效

污水处理 PPP 项目监管机构应建立科学合理的监管框架和监管体系,明晰责任主体、监管职责、工作内容、权责界限,依靠技术手段和大数据平台保证项目监管的体系化和系统化,实现监管过程同项目建设和运维全过程相协调。针对前期系列审批事项等烦琐程序和环节,政府有关部门应秉持高效集约的监管理念,优化审批流程,简化审批程序,缩短审批时间,着力提高污水处理 PPP 项目实施的效率,促进项目更好更快推进。

6.2.2　监管方式

《政府和社会资本合作模式操作指南(试行)》指出,政府和社会资本合作(PPP)项目监管方式主要包括履约管理、行政监管和公众监督等。因此,污水处理 PPP 项目应遵循指南要求,建立集履约管理、行政监管和公众监督三位一体的科学、全面、系统的监管架构,确保项目进度、服务质量符合要求,切实保障公众利益和公共安全。

(1)履约管理

污水处理 PPP 项目履约管理的责任主体是政府授权实施机构,实施机构开展履约管理工作的前提是基于污水处理 PPP 项目的《PPP 项目合同》。在《PPP 项目合同》框架下,由政府授权实施机构作为主体,按照合同条款约定对社会资本或项目公司履约情况(包括投资、融资、设计、建设、运营维护和资产移交等)进行检查、评估和考核。

履约管理的效力并非产生于监管机构的行政权力,而是来自实施机构与项目公司签署的 PPP 项目合同所形成的合同关系。实施机构根据 PPP 项目合同约定的权利义务边界,全面梳理项目公司应履行的义务内容及履行时间、地点、方式以及质量和数量等指标体系,定期对上述指标进行动态监测和考核,严格把控项目公司履约情况。

① 项目公司成立阶段

对于需要设立项目公司的污水处理PPP项目,实施机构应根据初步协议督促中选社会资本在约定期限内依法成立项目公司并足额缴纳项目资本金。

② 项目融资阶段

实施机构应监督社会资本或项目公司按照PPP项目合同约定的进度完成项目建设所需融资,督促其完成与融资机构签署融资合同及完成融资交割,保证项目公司及融资方能为项目的建设运营提供足额资金支持。同时,实施机构有权要求社会资本或项目公司提交与金融机构签署的所有融资文件和放款凭证。

③ 项目建设期

实施机构或其委托的具有资质的监理机构应对污水处理PPP项目主体工程及配套管网工程的建设质量、建设进度、安全文明施工状况等内容进行检查评估。

a.建设质量监管。实施机构或其委托的监理机构应严格执行合同约定的建设标准,对污水处理厂站及配套管网工程的质量、性能进行定期或不定期抽查监管,审查与工程建设相关的设计施工文件。

b. 建设进度监管。实施机构或其委托的监理机构对项目工程资金筹措、工程实施进度进行监控,动态跟踪检查并评估项目执行进度与施工组织进度计划偏离程度,及时发现问题并统筹协调建设单位采取应对措施进行补救、纠偏。

c.安全文明施工状况监管。实施机构或其委托的监理机构根据安全生产、文明施工相关管理办法的规定及要求,对项目建设过程中生产方式及实施环节的安全防护设施、围挡结构、警示标志、文明施工措施等内容进行严格考核,一旦发现安全文明施工隐患,应及时督促建设单位进行整改。

④ 项目运营维护期

项目实施机构或其委托的第三方机构按照合同约定的绩效考核标准在运营维护期对污水处理PPP项目运维绩效指标,如出水水质、污水处理达标率、污泥处置率、污水处理设施负荷率、化学药品存放情况、设施设备维修保养完好率及安全防范、应急处置措施等进行检测、评估,严格管控项目运营状况和污水处理服务质量,并将考核结果编制成评估报告报财政部门备案,作为以政府付费或可行性缺口补助为付费机制的污水处理PPP项目计算绩效付费的依据。对考核质量不合格和存在突出问题的,实施机构或其委托的第三方机构应及时提出调整要求,督促项目公司进行限期整改。

⑤ 项目移交阶段

需要进行移交的污水处理PPP项目在移交前,项目实施机构或其委托的第三方机构应按照合同约定的技术标准和移交条件对项目资产状况、设施设备运行情况等技术参数进行评估测试,并以考核结果作为政府提取维修保函的凭证。经测试评估不符合合同约定的移交条件和标准的,实施机构有权要求项目公司对相关资产和设备进行更新重置、维护修理,以确保项目以满足合同约定的参数进行移交。

(2)行政监管

污水处理PPP项目行政监管是以项目的立项审批、招标采购、融资建设、运营管理及资产移交等为监督内容,由发改、财政、国土、环保、审计、国资及行业主管部门等相关行政职能部门为监管主体的监督管理活动。各行政监管部门在地方政府的统一指导下,依法发挥各自监管职能,建立联动协调机制,对项目进行全方位、全生命周期监管。

① 发改部门

负责项目可行性研究报告审批等前期立项批复工作,参与实施方案评审工作及后期职能范围内的监管工作。

② 财政部门

负责项目物有所值评价和财政承受能力论证,会同行业主管部门对项目实施方案进行评审;负责项目采购、绩效考核、项目移交、绩效评价的监督管理;落实项目财政资金支出责任预算安排,履行财政监督职责;根据绩效考核结果核定并支付财政补贴,根据运营期内通货膨胀情况及利率变动幅度等市场变化情况,按合同约定进行调价等。

③ 环保部门

负责前期项目环境影响评价的批复;监督项目建设过程中的环境保护工作;参照国家及地方关于污水处理厂污染物排放标准依法开展项目在运营阶段的环境污染防治监管工作。

④ 审计部门

对项目进行跟踪审计,依法依规组织开展项目的设计方案、设计概算、招投标行为、工程造价、工程结算款的审计工作,监督项目组织实施的合法性、合规性、合理性及真实性;对项目进行政府审计,定期对政府付费的财政支出情况进行审计监管。

⑤ 其他相关部门

规划、国土等部门负责项目的规划选址、土地使用等前期行政审批;国资部门负责污水处理 PPP 项目国有资产监督,确保国有资产保值增值和防止国有资产流失。

(3)公众监督

为提升污水处理 PPP 项目的公众满意度,提高项目公司的服务水平和服务质量,建立长效公众监督机制是 PPP 项目有序运行的内在要求。政府应积极搭建网上信息共享平台,及时将项目检测评估结果、服务质量、考核调整情况等内容在合法渠道向社会公众公布,保证项目信息公开透明,维护公众知情权、监督权,让社会公众能通过公开合理的途径依法对项目采购流程合规性、中标社会资本资质合法性、设计方案合理性、施工安全文明程度及运营维护质量等进行日常监督。

污水处理 PPP 项目监管架构如图 6-1 所示。

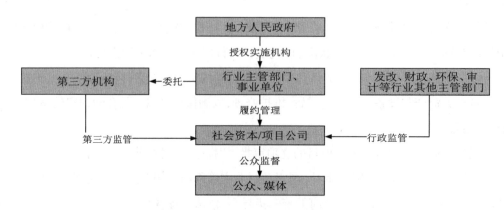

图 6-1 污水处理 PPP 项目监管架构

此外,通过建立通畅的意见反馈和投诉渠道,建立健全重大事项听证制度,广泛全面征求和接受社会公众的意见与建议,将公众满意度和社会评价结果纳入绩效考核体系,形成完善的社会舆论和网络监督体系。

6.3　污水处理 PPP 项目绩效考核

开展绩效考核是对采用政府付费和可行性缺口补助付费机制的污水处理PPP项目强化政府监管、减少政府财政风险的重要手段和有力保障。政府以项目的准备、投入、实施、产出、效果等时间和过程维度为基本点,从技术、经济、社会、政治和环境因素等多角度出发对项目执行过程中涉及的产出、效益等内容进行全面综合评价。

作为规范社会资本或项目公司经营行为、加强政府监管效力的重要抓手和政府安排付费支出的依据,PPP 项目绩效考核的重要性和必要性在国家政策层面被明确提出。财政部、国家发改委相关政策文件对 PPP 项目的绩效考核工作做出了明确规范和指引,如财政部发布的《政府和社会资本合作项目财政管理暂行办法》(财金〔2016〕92 号)第二十七条规定"各级财政部门应当会同行业主管部门在 PPP 项目全生命周期内,按照事先约定的绩效目标,对项目产出、实际效果、成本收益、可持续性等方面进行绩效评价,也可委托第三方专业机构提出评价意见";国家发改委《关于印发〈传统基础设施领域实施政府和社会资本合作项目工作导则〉的通知》(发改投资〔2016〕2231 号)第十九条规定"项目实施机构应会同行业主管部门,根据PPP合同约定,定期对项目运营服务进行绩效评价,绩效评价结果应作为项目公司或社会资本方取得项目回报的依据"。

6.3.1　绩效考核体系

从绩效考核阶段和具体考核内容划分,污水处理 PPP 项目绩效考核主要包括可用性绩效考核、使用量绩效考核、运维绩效考核和移交绩效考核。

可用性绩效考核是指对于新建和改扩建项目,在工程竣工验收阶段针对污水处理设施和配套管网的可用性进行考核,确保规划设计、工程质量、建设工期、安全生产、环境保护等指标符合适用法律规定及合同约定的规范标准和项目产出说明。

使用量绩效考核是指对进入运营阶段已投入使用的污水处理厂在计算周期内实际污水处理量及污水处理能力的考核。

运维绩效考核是指在运营维护阶段对项目公司的运营管理能力及污水处理服务水平的考核,如出水水质、污水处理率、污泥处置质量、污水处理设施负荷率、管网通畅度、在线检测仪表状态等。

移交绩效考核主要针对项目移交时的可用性和负债情况两个方面考核,确保项目在移交时能正常运转且无任何负债,不损坏项目使用者和政府方的正当利益。

6.3.2　运维绩效考核办法

结合污水处理 PPP 项目的运维服务特点、污水处理指标检测数据记录周期、污水处理设施负荷能力等要素,为保证考核的严谨性、科学性、合理性、可行性,污水处理PPP项目运维绩效考核通常可采用以常规考核为主、临时考核为辅的综合考核办法。

(1)常规考核

常规考核是在污水处理 PPP 项目进入运营维护阶段后,由实施机构或其委托的第三方专业机构以合同约定的既定周期,对项目污水处理服务品质、厂站设备运转情况、管网养护水平、社会公众满意度、可持续性等维度进行的日常考核。此种考核具有周期性、规律性和常规性。

常规考核周期可根据污水处理厂站和配套管网的规模、使用性质、污水处理体量、产出标准及服务对象等情况灵活设置考核周期,如常见的以季度、年度为主的均匀单位作为考核周期,也可按阶段性周期进行划分。在运营期前一阶段年限内(如运营期最初几年),由于初步运营的管理调度工作尚存在一些不稳定因素,管理技术、流程工艺的成熟化、体系化尚有欠缺,可采取一种短周期的考核频率;而当项目进入运营期后续阶段,项目公司对项目进行控制和管理的水平已达到一种稳定成熟状态,因而可选取相较前一考核阶段较长的考核周期。

(2)临时考核

临时考核主要是指在常规考核之外,由考核主体自行组织不定时抽查,对合同约定的绩效指标和考核标准进行考核。临时考核具有随机性,可有效预防项目公司的弄虚作假、取巧投机行为。

对于常规考核和临时考核有不满足标准和存在明显质量缺陷及重大安全隐患的情况,考评机构应参照合同约定相应扣减运维绩效分值,并有权要求项目公司限期整改。项目的最终运维绩效考核评分应为常规考核和临时考核的加权得分,考核权重可视项目具体情况在合同中自行约定。

6.3.3 考核指标设计原则

(1)科学性

考核指标设计应有科学理论和科学方法的支撑,提取项目中最重要、最关键、最具代表性的指标形成层次分明、结构合理的指标体系,使考核指标更加契合现实情况,从而保证考核结果更真实有效。

(2)独立性

在选取考核指标时,应尽量保证每个指标相互独立,降低指标间的关联度,使每个指标各具特色、自成体系,减少因指标的内在联系和相互作用产生交叉、重复评价的情况,提高考核结果的准确性和可信度。

(3)可获得性

绩效考核指标应保证在现有客观设备条件、技术手段和测量经验的支持下通过观测、测量、经验判断生成数据信息,指标要能够被直接或间接度量,以获取直观考核评价结果。

(4)定性与定量相结合

考核指标体系的设计要坚持定性与定量相结合的思想,以定量指标为主、定性指标为辅。在保证定量指标权重占主体地位以保障考核结果的公正性、客观性的前提下,辅之以适当比例的定性考核指标,从而体现考核体系的全面性和综合性。

6.3.4　考核指标设计

目前,针对 PPP 项目绩效考核常见的方法主要包括 KPI(Key Performance Indicators)——关键指标考核法和 BSC(Balance Score Card)——平衡计分卡考核法。

关键指标考核法是根据 PPP 项目的战略目标,将其细化成可衡量、实用的关键量化评价指标,确定其基本解释和概念范围,再对相关指标设置不同的权重,明确具体的评分标准及评分方法,得到加权计算后的考核结果。

平衡计分卡考核法是由哈佛大学商学院教授 Robert Kaplan 和诺朗顿研究院执行长 David Norton 于 1992 年发明的一种绩效管理和绩效考核的工具。PPP 项目平衡记分卡绩效考核主要从财务、顾客、内部经营流程、学习与创新这四个层面对项目公司进行全面测评。

对于 PPP 项目绩效考核的模型与方法的选择,目前并无明确的强制性规定和要求,可以根据项目的自身特性而定。目前较主流的做法是选择 KPI,即关键指标考核法。以财政部政府和社会资本合作中心入库的污水处理 PPP 项目为例,多数污水处理 PPP 项目在实施方案中采用数项关键指标对项目进行绩效考核,仅有较少项目采用平衡记分卡考核法对财务、客户、内部业务流程层面进行绩效指标设计。

鉴于污水处理行业特点和当前污水处理 PPP 项目绩效考核的主流做法,下面从影响污水处理 PPP 项目绩效的关键性指标这一角度切入,研究可用性绩效、运维绩效和移交绩效的考核体系。

(1)可用性绩效考核指标

依据国家、地方、行业等规范要求,对新建或改扩建污水处理 PPP 项目的可用性进行考察,其可用性绩效考核指标主要涉及建设工程的质量、工期、环境保护、安全生产、社会影响以及是否符合规划设计要求和项目产出说明等。

以某乡镇污水处理 PPP 项目为例,其可用性绩效考核指标如表 6-1 所示。

表 6-1　某乡镇污水处理 PPP 项目可用性绩效考核指标

指标类别	指标要求
质量	需符合《建设工程质量管理条例》(国务院令第 279 号)、《工程建设标准强制性条文(房屋建筑部分)》(2013 年版)、《建筑装饰装修工程质量验收规范》(GB 50210—2011)、《建筑工程施工质量验收统一标准》(GB 50300—2013)、《建筑施工安全检查标准》(JGJ 59—2011)、《室内空气质量标准》(GB/T 18883—2002)等规范要求,并做到一次验收合格
工期	开工日:以监理工程师的开工令为准 竣工验收日:2018 年 11 月底
环境保护	参照《公路建设项目环境影响评价规范》(JTG B03—2006)、《建设项目环境保护条例》(国务院 253 号令)
安全生产	参照《建筑施工安全检查标准》(JGJ 59—2011)、《建筑工程施工安全技术规范》(JGJ 46—2005)

说明:若国家、省、市出台具体考核办法或新的规定,则上表中与之不一致的或未作约定的或约定不明的,以国家、省、市出台标准为准进行调整并执行。

(2)运维绩效考核指标

基于国内外文献资料及财政部政府和社会资本合作中心项目库中污水处理 PPP 项目在运维阶段绩效考核参数设定的做法,对现有资料进行综合归纳后,根据运营维护工作内容和侧重点的不同,提出以下八个维度的运维绩效考核指标。

① 污水处理效率

污水处理效率是衡量有效污水处理量的一个考核维度,侧重对污水处理效率的考察,主要包括污水处理率、污水处理厂负荷率、COD 消减率、氨氮消减量、总氮消减量、总磷消减量等几大指标。

a. 污水处理率。污水处理率是指进入污水处理厂的污水进水量与该污水厂出水量的比例,计算表达式为:

$$污水处理率 = \frac{出厂污水量}{进厂污水量} \times 100\%$$

b. 污水处理厂负荷率。污水处理厂负荷率主要衡量实际污水处理量占污水处理厂的设计污水处理量的比重,计算表达式如下:

$$污水处理厂负荷率 = \frac{实际污水处理量}{设计污水处理量} \times 100\%$$

c. COD 消减率。COD 是指受污染水体中需要被氧化的还原性物质消耗掉的氧当量,反映了水体中还原性物质的污染程度。因此 COD 消减率用以反映实际 COD 进、出水平均浓度之差与设计 COD 进、出水平均浓度之差的比例关系,计算表达式为:

$$COD 消减率 = \frac{实际 COD 平均进水浓度 - 实际 COD 平均出水浓度}{设计 COD 平均进水浓度 - 设计 COD 平均出水浓度} \times 100\%$$

d. 氨氮消减率。氨氮消减率用以反映实际氨氮进、出水平均浓度之差与设计氨氮进、出水平均浓度之差的比例关系,计算表达式为:

$$氨氮消减率 = \frac{实际氨氮平均进水浓度 - 实际氨氮平均出水浓度}{设计氨氮平均进水浓度 - 设计氨氮平均出水浓度} \times 100\%$$

e. 总氮消减率。总氮消减率用以反映实际总氮进、出水平均浓度之差与设计总氮进、出水平均浓度之差的比例关系,计算表达式为:

$$总氮消减率 = \frac{实际总氮平均进水浓度 - 实际总氮平均出水浓度}{设计总氮平均进水浓度 - 设计总氮平均出水浓度} \times 100\%$$

f. 总磷消减率。总磷消减率用以反映实际总磷进、出水平均浓度之差与设计总磷进、出水平均浓度之差的比例关系,计算表达式为:

$$总磷消减率 = \frac{实际总磷平均进水浓度 - 实际总磷平均出水浓度}{设计总磷平均进水浓度 - 设计总磷平均出水浓度} \times 100\%$$

② 污水处理效果

污水处理效果注重对污水处理质量和结果的监测,主要从以 COD、BOD_5、SS、氨氮、总氮、总磷等六项水质指标为度量依据的出水水质和污泥处置质量两个方面进行考核评估。

a. 出水水质。出水水质是对污水处理厂经技术处理后的出水质量,综合设计标准规定的 COD、BOD_5、SS、氨氮、总氮、总磷的消耗量及含量进行全面考察。一般而言,这六项水质考核指标需同时满足设计标准才被视为出水水质达标,若一项不达标则视为整体不合格,从而扣减相应绩效分值。

b. 污泥处置质量。污泥处置质量是体现污水处理厂运行过程中对产生的污泥的处置水平和能力,以经污泥处理设施规范化脱水处理后的污泥含水率为评价载体,含水率越低,污泥处置质量越好,相应项的绩效得分越高。

③ 生产运行管理

a. 污水系统。污水系统生产运行状况考核内容子目较多,可从以下几方面展开:①针对格栅及调节池,检查水位是否正常,格栅、水泵、搅拌器等设备是否运转正常,栅渣是否清运干净、及时;②针对沉砂池,考察砂水分离器的出砂情况和排水情况,检查积砂清理情况;③针对生物池,考核曝气、回流、搅拌、出水等设备是否运转正常,活性污泥(或生物膜)颜色是否正常,测定生物池内的溶解氧;④对于二沉池液,观察二沉池液、刮吸泥机是否工作正常,泥水分离是否充分有效,有无污泥上浮现象。

b. 污泥系统。污泥脱水设备运转正常、泥饼含水率状况正常、污泥浓缩调节正常、药剂储量充分。

c. 消毒系统。出水透明度、颜色和气味、出水流量计正常,消毒防护器具配备齐全。

d. 生产、工艺管理人员。配备生产工艺管理人员,管理人员具有从业资格及职称证书,具有技能经验。

e. 生产管理规章制度。生产管理规章制度健全,岗位责任、技术培训、日常考核等内容齐备。

f. 工艺操作规程。参照有关污水处理厂运行、维护规程等相应的规范标准制定工艺运行管理规定、工艺运行调度方案、工艺工段操作规程。

g. 生产计划。是否制定月度、季度、年度生产计划,以及生产进度计划具体完成情况。

h. 生产运行台账。各岗位运行记录和报表数据真实、准确,报表齐全,记录内容无缺项,如进水水量、水泵开启的台数和时间、每日的栅渣量、药剂投加量、排泥时间、曝气设备运行台数和时间、泥饼数量、泥饼去向、电量、出水水量等内容的记录齐全、准确。

④ 设施设备管理

a. 设施设备运行状况。外观整洁,螺栓齐全牢固,油漆良好无锈蚀,设施设备无腐蚀,润滑充分,附属设施设备工作正常,设施设备的油箱、水泵、管道等无跑、冒、滴、漏现象以及设施设备完好率符合标准。

b. 大、中、小修管理。建立并执行有关大、中、小修的管理制度及流程。

c. 电器及仪表管理。检查厂内所有电器及仪表工作状态,重点查看进、出水仪表间的在线监测仪表、数据采集仪运行是否正常,核查自动生成的电子报表、自控及在线仪表的维护校验记录。

d. 设施设备管理人员。配有专职(兼职)设施设备管理人员,设施设备管理人员持有岗位或专业技术职称证书。

e. 维护档案。建立齐全的设施设备档案,设施设备维护保养的时间和内容(如更换或添加润滑油、更换易损件、仪器校准等)、维修的时间和内容(故障现象、故障原因、维修内容等)记录详实、准确。

⑤ 管网养护管理

a. 管网通水流畅。管网无堵塞、淤积现象,通水顺畅,运行良好。

b. 管网漏损率。严格管控排查管网渗漏问题,以漏损率为标准进行考核评分。

c. 管网沿线环境状况良好。沿线管网路段环境优良,卫生整洁,井盖出气孔通畅,井盖上方文字标识明显。

⑥ 化验分析

a. 检测项目及频率。检查项目及周期齐全,项目无漏项缺项,检测频率达到约定标准。

b. 检测方法。检测方法采用国家或行业标准检验分析方法。

c. 化验分析仪器。污水处理厂内用于常规化验项目的检测仪器配备齐全,检测仪器正常运行工作。

d. 化验员岗位培训。化验检测人员接受培训,持证上岗,对化验检测人员定期进行考核和抽验。

⑦ 安全管理

a. 安全管理规章制度。安全规章制度及操作规程齐全、详细,安全检查台账、安全检查日志记录齐全,针对安全隐患制定积极、有效的响应措施。

b. 安全管理机构及人员。安全管理机构、安全岗位职责健全,配置安全管理专职人员。

c. 安全培训。制定周期性安全培训计划并结合工作岗位对职工进行安全教育。

d. 安全防护设备。岗位人员有必要的安全保护措施,必要场所有安全警示牌,有毒及有害场所有安全防护仪器、仪表、器具配备。

e. 应急预案。建立专项应急预案,如主要工艺控制参数异常、主要设备故障、在线仪表异常等情况下的工艺应急预案,停电停水等突发事件及火灾、爆炸、中毒等重大安全事故的预案,并根据应急预案定期组织演练。

⑧ 其他

a. 资源再生利用。污水处理厂运行生产的过程资源实现再生利用,如污水再利用(厂内绿化冲洗、景观、农用等)、污泥资源利用(污泥制肥、烧水泥、制建材等)、能源回收(沼气发电、制燃气等)。

b. 监督检查配合情况。配合政府或上级部门监督考核,接受监督管理机构的要求、建议并及时整改。

c. 噪声及空气质量。生产区噪声控制在国家或行业标准内,除臭设备运行稳定,能有效控制臭气排放量。

d. 公众满意度。主动接受公众监督,无群众投诉、举报情况。

以某污水处理厂及配套管网工程 PPP 项目为例,该污水处理厂(站)出水水质需达到《城镇污水处理厂污染物排放标准》(GB 18918—2002)一级标准中的 A 级标准,其运维绩效考核指标如表 6-2 所示。

表 6-2 某污水处理厂及配套管网工程 PPP 项目运维绩效考核指标

序号	评比项目	内容	满分	考核标准
1	有效处理量 (30分)	污水处理量	10	达到设计流量90%以上的,得10分; 达到设计流量85%以上的,得8分; 达到设计流量80%以上的,得6分; 达到设计流量75%以上的,得4分
		COD 消减率	10	得分=10×(实际 COD 平均进水浓度−实际 COD 平均出水浓度)/(设计 COD 平均进水浓度−设计 COD 平均出水浓度);计算结果大于 10 以 10 分计
		氨氮消减率	2	得分=2×(实际氨氮平均进水浓度−实际氨氮平均出水浓度)/(设计氨氮平均进水浓度−设计氨氮平均出水浓度);计算结果大于 2 以 2 分计

序号	评比项目		内容	满分	考核标准
			总氮消减率	3	消减率≥48%,得3分;低于48%的每低于1%,减0.1分,减完为止
			总磷消减率	2	得分=2×(实际总磷平均进水浓度－实际总磷平均出水浓度)/(设计总磷平均进水浓度－设计总磷平均出水浓度);计算结果大于2以2分计
			污泥处置量	3	得分=3×(年污泥安全处置量/年污泥总量)
2	处理质量 (38分)		污水处理质量	30	①污水处理质量按COD、BOD₅、SS、总磷、总氮、氨氮依据设计标准进行考核。按月平均达标计算,每月有一项不达标的视为全月不达标,扣3分,扣完为止。 ②每月有一项没做化验项目的,视为全月不达标,扣2分,扣完为止。 ③如果有环保部门或上级监管部门抽查判定为不合格的,就视为对应阶段不达标,按规定扣分
			污泥处理质量	10	按年平均污泥含水率计分:年平均污泥含水率≤80%,得10分;含水率每增加0.5%,减0.5分;含水率>90%,不得分
			有污泥消化设施的不正常运行	−2	有污泥消化设施的不正常运行,扣2分
3	构筑物及设备 (10分)	构筑物 (4分)	构筑物无明显腐蚀渗漏	1	构筑物无明显腐蚀渗漏,得1分;抽检十座(少于十座构筑物全部检查),一座构筑物不合格扣相应分1/10
			池面清洁,堰口出水均匀	1	池面清洁,堰口出水均匀,得1分;抽检十座(少于十座构筑物全部检查),一座构筑物不合格扣相应分1/10
			池内曝气均匀,无开锅现象等	2	池内曝气均匀,无开锅现象,充氧设施正常运行,得2分;抽检十座(少于十座构筑物全部检查),一座构筑物不合格扣相应分1/10
		设备 (6分)	外观整洁,螺栓齐全牢固	1	外观整洁,螺栓齐全牢固,得1分;抽检十台设备(少于十台全部检查),每台设备不合格扣相应分的1/10
			设备无腐蚀渗漏	2	设备无腐蚀渗漏,得2分;抽检十台设备(少于十台全部检查),每台设备不合格扣相应分的1/10
			计量仪表设备定期检定	2	计量仪表设备定期检定,得2分;抽检十台设备(少于十台全部检查),每台设备不合格扣相应分的1/10
			设备台账及维护档案齐全	1	设备台账及维护档案齐全,得1分;抽检十台设备(少于十台全部检查),每台设备不合格扣相应分的1/10
4	安全管理 (8分)		机构制度、记录	2	有相应安全管理机构,安全规章制度和安全记录齐全,得2分
			制度方案	2	有针对污水处理厂运行制度的应急方案并定期组织演练,得2分
			安全设备配置	2	岗位人员有必要的安全保护措施,消防设备配备到位,有安全警示牌,有毒有害场所有安全防护仪器和仪表。危险品、易燃、易爆品按规管理,得2分
			培训	2	企业法人厂主管领导安全负责人及安全管理人员持有同级或上级颁发的有效安全培训证书,得2分
5	化验分析(6分)		水质分析	4	得分=实际检测频率×满分;工艺不适用的检测项目不扣分;多项目合并分值计算的,项目或频率不足50%的不给分;缺少项目酌减,每缺一项,扣0.2分

续表 6-2

序号	评比项目	内容	满分	考核标准
		污泥分析	2	得分=实际检测频率×满分;工艺不适用的检测项目不扣分;多项目合并分值计算的,项目或频率不足50%的不给分;缺少项目酌减,每缺一项,扣0.1分
6	其他项目(8分)	资源再生利用	3	①污水再生利用大于等于15%(厂内绿化冲洗、厂外市政杂用、工业、景观、农用等),得1分; ②污泥资源利用(污泥制肥、烧水泥、制建材等),得1分; ③能源回收(沼气发电、制燃气、热泵等),得1分
		污水处理运行费	1	污水处理运行费用足额到位,得1分
		信息上报	1.5	按住建部建城〔2007〕277号文件要求上报信息单位,得1.5分
		年鉴、资料上报	1.5	每年按时按要求上报排水统计年鉴资料,得1.5分
		排水许可	1	"城市排水许可管理办法"执行落实到位,每年按规定发放排水许可证,得1分
	合计(100分)			

(3)移交绩效考核指标

对于特许经营期满需移交的 PPP 项目,移交阶段常见的绩效考核方式主要有三种:第一种是设定针对具体项目资产的完好性指标,通过性能测试予以验证;第二种是参照运维绩效考核指标,以项目移交时达到的运维绩效结果作为项目移交验收、考核的依据;第三种为专家评估法,项目移交小组组织相关专家对污水处理 PPP 项目进行全面评估,由专家确定具体的绩效考核指标及评分标准,对该项目移交资产性能、负债情况、可用性等做出评价。鉴于此,污水处理 PPP 项目可结合项目自身特性,参考上述三种常见方法设计移交绩效考核指标。

以某乡镇污水处理 PPP 项目为例,其移交绩效考核指标如表 6-3 所示。

表 6-3　某乡镇污水处理 PPP 项目移交绩效考核指标

指标类别	指标说明
移交范围及程序	特许经营协议中约定移交范围和移交手续,考核是否遵照协议约定履行手续,以及是否完全移交规定范围的内容
技术垄断、原材料垄断	特别注意项目公司是否存在技术垄断、原材料垄断等行为,防范项目公司通过专利技术、独特的原材料等手段在项目移交后继续控制项目,使项目移交之后能够真正完全自主地由政府来控制
运营状况	特许经营期结束后,设备完好率应满足要求,可以正常运营
设备完好性	特许经营协议约定的移交时的设备可使用性的达成度
风险保证金	在移交过后设定一段过渡期,设置一定的风险保证金。项目移交并平稳度过过渡期之后,将归还保证金,一旦出现短期行为,将没收风险保证金

6.3.5　绩效考核付费机制

财政部《政府和社会资本合作项目财政管理暂行办法》(财金〔2016〕92 号)第二十八条规定:"各级财政部门应当根据绩效评价结果合理安排财政预算资金。对于绩效评价达标的项目,财政部门应当按照合同约定,向项目公司或社会资本方及时足额安排相关支出。对于绩效评价不达标的项目,财政部门应当按照合同约定扣减相应费用或补贴支出。"《关于规范政府和社会资本合作(PPP)综合信息平台项目库管理的通知》(财办金〔2017〕92 号)中指出,存在下列情形的项目不得入库:"包括通过政府付费或可行性缺口补助方式获得回报,但未建立与项目产出绩效相挂钩的付费机制的;项目建设成本不参与绩效考核,或实际与绩效考核结果挂钩部分占比不足 30%,固化政府支出责任的。"

由于可用性付费与运维绩效付费的割裂易导致对社会资本或项目公司约束减少,运营维护风险转嫁至政府,有"BT+O"之嫌,未能体现 PPP 模式全生命周期管理的优势和特点。因此,根据相关政策文件规定可知,将可用性付费的部分比例强制纳入运维绩效考核,运营考核结果不合格或不达标时政府有权按一定比例扣除此部分的可用性付费额,使建设期可用性考核与运营绩效考核相互关联,强化全生命周期的概念。此举有利于加强对社会资本或项目公司的服务监管,能有效地引导社会资本方加强对后期运营的管理,减少政府支出责任风险,提高项目的公共效益。

采用政府付费和可行性缺口补助回报机制的污水处理 PPP 项目,政府实际支出应与绩效考核挂钩,可以管网可用性、管网运维、厂站可用性、厂站运维四部分的考核结果作为计算政府当年支付费用的依据,设定可用性付费与运维绩效按 30%比例关联,其计算表达式为:

$$F_{绩效}=(\alpha_1 F_{管网可用}+\alpha_2 F_{厂站可用})\times70\%+\alpha_3[F_{管网运维}+F_{厂站运维}+(F_{管网可用}+F_{厂站可用})\times30\%]$$

式中: $F_{绩效}$ ——政府当年绩效付费金额;

　　　 α_1 ——管网可用性绩效因子;

　　　 α_2 ——厂站可用性绩效因子;

　　　 α_3 ——管网与厂站运维绩效因子。

第7章 项目采购

7.1 污水处理 PPP 项目采购适用的法规

目前,PPP 项目采购的相关政策法规包括《中华人民共和国政府采购法》、《中华人民共和国招标投标法》、《政府和社会资本合作项目政府采购管理办法》、《政府采购竞争性磋商采购方式管理暂行办法》、《中华人民共和国招投标法实施条例》、《政府采购非招标采购方式管理办法》等。污水处理 PPP 项目采购活动同样受上述相关政策法规的约束。

7.2 污水处理 PPP 项目采购方式

根据《政府和社会资本合作模式操作指南(试行)》和《政府和社会资本合作项目政府采购管理办法》规定,PPP 项目采购方式主要包括公开招标、邀请招标、竞争性谈判、竞争性磋商和单一来源采购等方式。项目实施机构应根据项目采购的需求特点依法选择适宜的采购方式。

7.2.1 常用采购方式

(1)公开招标

公开招标是政府采购的主要方式,达到公开招标数额标准的项目,必须采用公开招标的方式进行采购,不得以化整为零等其他不合规手段规避公开招标。因特殊情况需采用公开招标以外采购方式的,采购人应当在采购开始前获取设区的市、自治州以上人民政府采购监督管理部门的批准。

①公开招标的适用条件

公开招标主要适用于核心边界条件和技术经济参数明确、完整、符合国家法律法规和政府采购政策且采购中不做更改的项目。

②公开招标的局限性

虽然公开招标的招标对象是面向全社会潜在合格的社会资本,具有竞争充分、公开公平的优点,但由于公开招标的项目确定中标人后,双方无权对涉及采购文件的实质性内容和核心条款进行协商谈判和更改,整个过程手续烦琐、要求严格,要严格遵循《中华人民共和国招标投标法》规定的程序,不得随意更改招标文件和投标文件,对于生命周期长达数十年的污水处理 PPP 项目而言存在较多限制和约束。污水处理 PPP 项目由于其投资大、周期长等特点,在具体实施过程中存在较多不确定性风险,若项目双方无法进行充分谈判和协商交流,将会对双方的需求意愿表达和信息传递设置障碍。加之公开招标必须按照资格预审、编制采购文件、发布采购公告、发售采购文件、社会资本提交响应文件、响应文件评审、采购结果确认与谈判、签署项目合同等系列既定程序开展,时间要求明确,限制性较强,因此,采购所花费的时间亦较长。

（2）邀请招标

邀请招标又称有限竞争性招标,是指招标人以投标邀请书的方式邀请不少于三家符合资格条件的特定供应商投标,并按相关程序、评标标准确定成交供应商的采购方式。

① 邀请招标的适用条件

邀请招标适用于具有特殊性、只能从有限范围的供应商处采购的,或采用公开招标方式的费用占政府采购项目总价值比例过大的项目。

② 邀请招标的特点

不同于公开招标,邀请招标无须发布公告,只针对具体、特定的几家潜在投标人发放招标文件,具有采购周期短、采购成本低、评标工作量小等优点。但正是由于邀请招标限制了供应商的范围,使其公开程度和市场竞争性大打折扣。

（3）竞争性谈判

竞争性谈判是指谈判小组与符合资格条件的供应商就采购事宜进行谈判,供应商按照谈判文件的要求提交响应文件和最后报价,采购人从谈判小组提出的成交候选人中确定最终供应商的一种采购方式。

① 竞争性谈判的适用条件

采用竞争性谈判方式进行采购的项目主要包含以下特征:招标后没有供应商投标或者没有合格标的或者重新招标未能成立的;技术复杂或者性质特殊,不能确定详细规格或者具体要求的;采用招标所需时间不能满足用户紧急需要的;不能计算出价格总额的。

② 竞争性谈判的特点

采用竞争性谈判方式的,采购文件中应明确可能因谈判的实际情形发生变动的内容,如采购的技术、服务要求以及合同草案条款等。

在评标阶段,根据《政府采购非招标采购方式管理办法》的规定,谈判小组从服务、质量等技术参数均符合谈判文件实质性要求的报价人中,依据低报价原则选出 3 名以上成交候选人;最终在满足采购文件质量、服务的实质性要求前提下,采购人从成交候选人中选择最低报价方作为成交供应商。由此可见,响应报价是决定供应商的关键要素,最低报价法成为竞争性谈判采购决策的指导依据。

（4）竞争性磋商

① 竞争性磋商的适用条件

采用竞争性磋商采购方式的项目需满足以下条件:政府购买服务项目;技术复杂或者性质特殊,不能确定详细要求的;因艺术品采购、专利、专有技术或者服务的时间、数量不能确定等原因不能事先计算出价格总额的;市场竞争不充分的科研项目以及需要扶持的科技成果转化项目等。

② 竞争性磋商特点

a. 采购需求具有灵活性

竞争性磋商采购方式在评审时,评审小组可以同社会资本进行多轮磋商谈判,双方可就采购文件中明确规定不能修改的核心条款以外的实质性技术、服务要求充分交换意见并进行合理修订,其灵活性便于更好地体现项目采购需求,也更符合污水处理PPP项目因周期长、技术复杂、边界条件繁多而对采购需求有较强的表达诉求。

b.采用两阶段评审

《政府和社会资本合作模式操作指南(试行)》指出,采用竞争性磋商采购方式的响应性文件应执行两阶段评审。第一阶段是由评审小组与社会资本进行多轮谈判,在谈判过程中修订实质性技术、服务要求以及合同草案条款,且实质性变动内容必须经实施机构确认后通知所有参与磋商的社会资本;第二阶段在明确最终采购方案后,评审小组根据社会资本提交的响应性文件进行综合评分并确定候选社会资本名单。

两阶段评审体现出"先确定采购需求,后采取竞争报价"的操作要点,采购双方可消除信息不对称,打破分歧,通过充分交流沟通实现采购需求的充分表达,便于项目的后期执行更加顺利。

c.有效遏制低价恶性竞争

有别于竞争性谈判"最低评标价"的评标办法,在报价竞争阶段,竞争性磋商则是采用"综合评分"法,从社会资本资质、财务实力、商业信誉、技术水平等综合性角度考察社会资本是否具备采购项目所要求的硬件实力和软件水平,一定程度上可有效遏制社会资本为中标故意压低报价的恶性竞争手段。

(5)单一来源采购

单一来源采购是指采购人从某一特定来源采购货物、工程和服务的采购方式。

选择单一来源采购的项目需具备以下条件:只能从唯一供应商处采购的;发生了不可预见的紧急情况不能从其他供应商处采购的;必须保证原有采购项目一致性或者服务配套的要求,需要继续从原供应商处添购,且添购资金总额不超过原合同采购金额百分之十的。

综上所述,PPP 项目五种常用采购方式及其适用条件如表 7-1 所示。

表 7-1　PPP 项目五种采购方式及其适用条件

采购方式	适用条件
公开招标	核心边界条件和技术经济参数明确、完整,符合国家法律法规和政府采购政策,且采购中不做更改的项目
邀请招标	(1)具有特殊性,只能从有限范围的供应商处采购的; (2)采用公开招标方式的费用占政府采购项目总价值比例过大的
竞争性谈判	(1)招标后没有供应商投标或没有合格标的或者重新招标未能成立的; (2)技术复杂或者性质特殊,不能确定详细规格或者具体要求的; (3)采用招标所需时间不能满足用户紧急需要的; (4)不能事先计算出价格总额的
竞争性磋商	(1)政府购买服务项目; (2)技术复杂或者性质特殊,不能确定详细要求的; (3)因艺术品采购、专利、专有技术或者服务的时间、数量不能确定等原因不能事先计算出价格总额的; (4)市场竞争不充分的科研项目,以及需要扶持的科技成果转化项目; (5)按照招标投标法及其实施条例必须进行招标的工程建设项目以外的工程建设项目

采购方式	适用条件
单一来源采购	（1）只能从唯一供应商处采购的； （2）发生了不可预见的紧急情况不能从其他供应商处采购的； （3）必须保证原有采购项目一致性或者服务配套的要求，需要继续从原供应商处添购，且添购总额不超过原合同采购金额百分之十的

7.2.2　污水处理 PPP 项目常用采购方式基本流程

污水处理PPP项目普遍较大、周期较长、技术参数较复杂，以财政部政府和社会资本合作中心项目管理库中的污水处理PPP项目具体情况而言，选用公开招标或竞争性磋商采购方式的项目数量的比例占据主导性地位。因此，下面主要对公开招标和竞争性磋商两种常见污水处理PPP项目采购方式的具体流程分别展开阐述。

（1）公开招标

公开招标基本流程如图 7-1 所示。

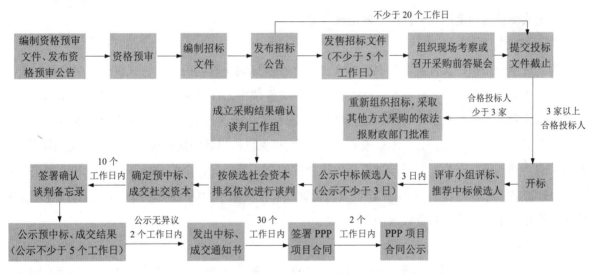

图 7-1　公开招标基本流程

① 资格预审

项目实施机构应根据项目需要准备资格预审文件，发布资格预审公告，邀请社会资本和其合作的金融机构参与资格预审，验证项目能否获得社会资本响应和实现充分竞争。有 3 家以上社会资本通过资格预审的，可继续开展招标文件准备工作；项目通过资格预审的社会资本不足 3 家的，实施机构应在调整实施方案后重新组织资格预审。重新组织资格预审后的合格社会资本数量仍不足 3 家的，可依法调整采购方式。

② 编制招标文件

在资格预审结束后应编制招标文件，招标文件应包括污水处理 PPP 项目的名称、内容、技术要求、政府对实施机构的授权、实施方案的批复、项目相关审批文件、递交响应性文件的相关事项、投标报价要求、评标标准、强制担保的保证金交纳数额和形式等实质性要求及条件以及PPP项目合同草案等内容。

③ 发布招标公告

污水处理 PPP 项目招标文件编制完成后,经由项目实施机构审核确认通过后发布招标公告。招标公告应载明招标人名称和地址、招标项目名称、性质、数量、实施地点以及获取招标文件、递交响应性文件的相关事项等。招标公告应在省级以上人民政府财政部门指定的政府采购信息媒体上发布。

④ 发售招标文件

对通过资格预审的社会资本按照招标公告载明的时间、地点发售招标文件,招标文件发售期限自开始发出之日起不得少于 5 个工作日。

⑤ 组织现场考察或召开采购前答疑会

项目实施机构应当组织社会资本进行现场考察或者召开采购前答疑会,但不得单独或者分别组织只有一个社会资本参加的现场考察和答疑会。项目实施机构可以视项目的具体情况,组织对符合条件的社会资本的资格条件进行考察核实。实施机构根据现场考察及答疑情况需要对招标文件进行必要澄清或者修改,且修改内容可能影响响应性文件编制时,应在投标截止时间至少 15 日前,以书面形式通知所有获取招标文件的潜在投标人;不足 15 日的,实施机构应顺延提交投标文件的截止时间。书面澄清说明或变更通知是招标文件的有效组成部分。

⑥ 提交投标文件

社会资本根据招标文件要求编制投标文件,并在投标截止日期前将投标文件递送到招标指定地点。自招标文件开始发出之日起至投标人提交投标文件截止之日止,不得少于 20 日。在招标文件要求截止时间后送达的投标文件,招标人应当拒收。投标人少于 3 家的,招标人可依法重新招标。

社会资本应当以支票、汇票、本票或者金融机构、担保机构出具的保函等非现金形式交纳保证金。参加采购活动的保证金数额不得超过项目预算金额的 2%,履约保证金的数额不得超过 PPP 项目初始投资总额或者资产评估值的 10%,无固定资产投资或者投资额不大的服务型 PPP 项目,履约保证金的数额不得超过平均 6 个月服务收入额。

⑦ 开标

开标应当在提交投标文件截止时间的同一时间公开进行,开标地点为招标文件预先确定的地点。在投标截止时间前收到的所有投标文件,在开标仪式上均应由招标人当众予以开封、宣读。

招标采购单位在开标前,应当通知同级人民政府财政部门及有关部门,财政部门及有关部门可视情况到现场监督开标工作。

⑧ 评标

由项目实施机构代表和评审专家共 5 人以上单数组成评审小组,其中评审专家人数不得少于评审小组总人数的 2/3,评审专家应至少包含财务专家和法律专家各 1 名。

评审小组确立后,需独立履行以下职责:

a. 审查投标文件是否完整、是否符合招标文件要求,投标方案是否对项目做出实质性响应;

b. 要求投标人对投标文件中含义不明的内容作出必要澄清或者说明,但澄清、说明的范围不得超过投标文件范围或者改变投标文件的实质性内容;

c. 按照招标文件规定的评标办法、评标标准对社会资本的投标文件进行评分;

d. 综合评审结束后,评审小组应提交书面评标报告,并推荐合格的中标候选人。

⑨ 结果确认谈判

评审小组确定中标候选人后 3 日内,实施机构应当公示中标候选人,且公示时间不少于 3 日。

评审结束后,项目实施机构应当成立专门的采购结果确认谈判工作组,负责采购结果确认前的谈判和最终的采购结果确认工作。采购结果确认谈判工作组成员及数量由项目实施机构确定,但应当至少包括财政预算管理部门、行业主管部门代表,以及财务、法律等方面的专家。

采购结果确认谈判工作组应当按照评审报告推荐的候选社会资本排名,依次与候选社会资本及与其合作的金融机构就项目合同中可变的细节问题进行项目合同签署前的确认谈判,率先达成一致的候选社会资本即为预中标的社会资本。谈判过程不得涉及项目合同中不可谈判条款,也不得与已终止谈判的社会资本重复谈判。

⑩ 签署确认谈判备忘录,公示预中标结果

预中标社会资本确定后,实施机构应当在 10 个工作日内与预中标社会资本签署确认谈判备忘录,并将预中标结果和拟定的项目合同文本在省级以上人民政府财政部门指定的政府采购信息发布媒体上进行公示,公示期不得少于 5 个工作日。项目合同文本应当将预中标社会资本响应性文件中的重要承诺和技术文件作为附件。项目合同文本涉及国家秘密、商业秘密的内容可以不公示。

项目实施机构应当在公示期满无异议后 2 个工作日内,将中标成交结果在省级以上人民政府财政部门指定的政府采购信息发布媒体上进行公告,同时发出中标成交通知书。

⑪ 签署 PPP 项目合同

项目实施机构应当在中标成交通知书发出后 30 个工作日内,与中标成交社会资本签订经本级人民政府审核同意的 PPP 项目合同。需要专门设立项目公司的,项目公司成立后由项目公司与实施机构重新签署 PPP 项目合同,或者签署关于承继 PPP 项目合同的补充合同。

项目实施机构应当在 PPP 项目合同签订后 2 个工作日内,将 PPP 项目合同在省级以上财政部门指定的政府采购信息发布媒体上公告。

（2）竞争性磋商

竞争性磋商基本流程如图 7-2 所示。

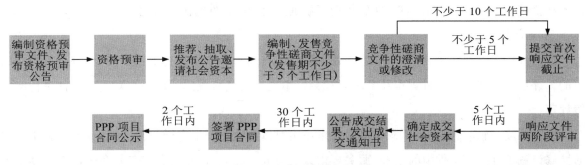

图 7-2　竞争性磋商基本流程

① 资格预审

项目实施机构应根据项目需要准备资格预审文件,发布资格预审公告,邀请社会资本和其合作的金融机构参与资格预审,验证项目能否获得社会资本响应和实现充分竞争。有 3 家以上社会资本通过资格预审的,可继续开展招标文件准备工作;项目通过资格预审的社会资本不足 3 家的,实施机构应在调整实施方案后重新组织资格预审。重新组织资格预审合格社会资本数量仍不足 3 家的,可依法调整采购方式。

② 推荐、抽取、发布公告邀请社会资本

实施机构应当通过发布公告,从省级以上财政部门建立的供应商库中随机抽取或者实施机构和评审专家分别以书面推荐的方式邀请不少于 3 家符合相应资格条件的社会资本参与竞争性磋商采购活动。

采取实施机构和评审专家书面推荐方式选择社会资本的,实施机构和评审专家应当各自出具书面推荐意见,实施机构推荐供应商的比例不得高于推荐供应商总数的 50%。

采用发布竞争性磋商公告方式的,应在省级以上人民政府财政部门指定的媒体上发布竞争性磋商公告。竞争性磋商公告应包括项目实施机构和项目名称,项目结构,核心边界条件,是否允许未进行资格预审的社会资本参与采购活动,以及审查原则,项目产出说明,对社会资本提供的响应文件要求,获取采购文件的时间、地点、方式及采购文件的售价,提交响应文件截止时间,开启时间及地点等。

③ 编制、发售竞争性磋商文件

竞争性磋商文件应当包括社会资本资格条件、采购邀请、采购方式、采购预算、采购需求、政府采购政策要求、评审程序、评审方法、评审标准、价格构成或者报价要求、响应文件编制要求、保证金缴纳数额和形式以及不予退还保证金的情形、磋商过程中可能产生实质性变动的内容、响应文件提交的截止时间、开启时间及地点以及合同草案条款等。

从竞争性磋商文件发出之日起至社会资本提交首次响应文件截止之日止不得少于 10 个工作日。竞争性磋商文件发售期限自开始之日起不得少于 5 个工作日。

④ 竞争性磋商文件的澄清或修改

提交首次响应文件截止之日前,项目实施机构可以对已发出的竞争性磋商文件进行必要的澄清或修改,澄清或修改的内容应作为采购文件的组成部分。澄清或修改的内容可能影响响应文件编制的,实施机构应在提交首次响应文件截止时间至少 5 个工作日前,以书面形式通知所有获取竞争性磋商文件的社会资本;不足 5 个工作日的,实施机构应顺延提交响应文件的截止时间。

⑤ 响应文件评审

已经进行了资格预审的,评审小组在评审阶段不再对社会资本进行资格审查;允许进行资格后审的,评审小组在响应文件评审环节须对社会资本进行资格审查。评审小组对响应文件进行两阶段评审:

第一阶段:确定最终采购需求方案。评审小组可以与社会资本进行多轮谈判,谈判过程中可实质性修订竞争性磋商文件中的技术、服务要求以及合同草案条款,但不得修订竞争性磋商文件中规定的不可谈判核心条件。实质性变动的内容,须经项目实施机构确认,并通知所有参与谈判的社会资本。

第二阶段:综合评分。最终采购方案确定后,由评审小组对社会资本提交的最终响应文件进行综合评分。评审小组应当根据综合评分情况,按照评审得分由高到低顺序推荐 3 名以上成交候选社会资本,并编写评审报告。评审得分相同的,按照最后报价由低到高的顺序推荐。评审得分且最后报价相同的,按照技术指标优劣顺序推荐。

⑥ 确定成交社会资本

实施机构应当在收到评审报告后 5 个工作日内,从评审报告提出的成交候选社会资本中,按照排序由高到低的原则确定成交社会资本。逾期未确定成交社会资本且不提出异议的,视为确定评审报告提出的排序第一的社会资本为成交社会资本。

⑦ 公告成交结果,发出成交通知书

项目实施机构应当在成交社会资本确定后 2 个工作日内,在省级以上财政部门指定的政府采购信息发布媒体上公告成交结果,同时向成交社会资本发出成交通知书,并将竞争性磋商文件随成交结果同时公告。

⑧ 签署 PPP 项目合同

项目实施机构应当在成交通知书发出后 30 个工作日内,与成交社会资本签订经本级人民政府审核同意的 PPP 项目合同。需要专门设立项目公司的,项目公司成立后由项目公司与实施机构重新签署 PPP 项目合同,或者签署关于承继 PPP 项目合同的补充合同。

项目实施机构应当在 PPP 项目合同签订后 2 个工作日内,将 PPP 项目合同在省级以上财政部门指定的政府采购信息发布媒体上公告。

7.3　资格预审与响应性文件评审

7.3.1　资格预审

区别于传统政府采购项目中资格预审的非强制地位,《政府和社会资本合作模式操作指南(试行)》规定:项目执行采购流程时项目实施机构应根据项目需要准备资格预审文件,发布资格预审公告,邀请社会资本和其合作的金融机构参与资格预审。明确强调资格预审是 PPP 项目采购程序不可或缺的前置环节,凸显资格预审是有效验证项目能否获得社会资本充分响应和实现积极竞争的重要路径。

(1)资格预审的必要性

① 确保采购活动竞争效率

资格预审通过对社会资本的资质、业绩、财务状况、技术实力等基本信息进行审核筛选后在一定程度上发挥了"过滤"作用,淘汰不符合采购要求、竞争实力较弱的潜在社会资本,进而保证参与采购的竞争者的竞争效率,激发社会资本的竞争潜能。

② 有效降低社会资本成本

由于 PPP 项目采购结果只有一家中标成交社会资本, 若前期有过多的社会资本参与 PPP 项目采购活动,必然会增加社会资本成本,造成时间、人力资源的损失和浪费。

③ 提高评审效率

资格预审根据择优原则控制参与采购的社会资本和响应文件数量,能够有效地减少评审小组的评审工作量,节约评审时间,进而有效提高评审效率。

(2)资格预审流程

资格预审流程如图 7-3 所示。

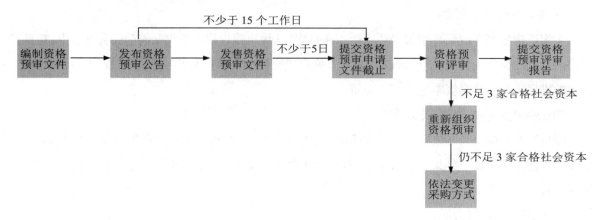

图 7-3　资格预审流程

① 编制资格预审文件

项目实施机构应根据项目需要编制资格预审文件。资格预审文件需明确 PPP 项目名称、内容、需求、采购方案、对社会资本的资格要求、其他业绩要求、资格审查的标准和方法、资格预审结果的通知方式等。

② 发布资格预审公告

资格预审公告应在省级以上人民政府财政部门指定的政府采购信息发布媒体上发布。资格预审公告的内容应包括项目授权主体、实施机构名称、项目名称、采购需求、对社会资本的资格要求、是否允许联合体参与采购活动、拟确定参与竞争的合格社会资本的数量和确定方法,以及社会资本提交资格预审申请文件的时间和地点。

项目实施机构应在资格预审公告中列明采购的相关政策要求以及对社会资本参与采购活动和履约保证的担保要求。

③ 发售资格预审文件

实施机构应按资格预审公告规定的时间、地点发售资格预审文件。资格预审文件发售期不得少于5 日。

④ 提交资格预审申请文件截止

社会资本应在提交资格预审申请文件截止日期前按照资格预审文件相应要求编写并提交资格预审申请文件。

提交资格预审申请文件的时间自公告发布之日起不得少于 15 个工作日。

⑤ 资格预审评审

资格预审评审小组由实施机构代表和评审专家共 5 人以上单数组成,其中评审专家人数不得少于评审小组成员总数的 2/3。评审专家中至少包含 1 名财务专家和 1 名法律专家,实施机构代表不得以评审专家身份参加项目的评审。

评审小组根据资格预审文件规定的评审办法和标准对社会资本的资格申请文件及证明文件的真实性进行审查。有 3 家以上社会资本通过资格预审的,可继续开展采购活动;通过资格预审的社会资本不足 3 家时,实施机构应调整实施方案重新组织资格预审;重新组织资格预审后符合要求的社会资本仍不足 3 家的,可依法变更采购方式。

⑥ 提交资格预审评审报告

资格预审结束后,评审小组应编写资格预审的评审报告,说明资格预审审查的具体结果,报财政部门备案。

7.3.2　社会资本资格条件

污水处理 PPP 项目对社会资本资格条件的要求通常包括基本要求、财务要求、资质要求、业绩要求等。

(1)基本要求

根据《中华人民共和国政府采购法》第 22 条规定,污水处理 PPP 项目的社会资本应满足以下条件:

① 具有独立承担民事责任的能力;

② 具有良好的商业信誉和健全的财务会计制度;

③ 具有履行合同所必需的设备和专业技术能力;

④ 有依法缴纳税收和社会保障资金的良好记录;

⑤ 参加政府采购活动前三年内,在经营活动中没有重大违法记录;

⑥ 法律、行政法规规定的其他条件。

(2)财务要求

财务要求主要从社会资本的融资能力、负债率、财务状况(是否有财产被接管、冻结,是否存在破产、不良资产、不良投资项目的情况)等方面提出一定限制和要求。

(3)资质要求

资质要求主要包括是否具有市政公用工程施工总承包资质、市政公用工程设计资质、环境工程资质以及安全许可证等。

(4)业绩要求

业绩要求主要是对社会资本在污水处理领域是否具有相关污水处理项目的建设、运营业绩和经验,要求提供具有一定规模污水处理设施建设、运营业绩的证明资料。

7.3.3　响应性文件评分标准

社会资本所提交的响应性文件需客观反映社会资本的基本情况、资金实力、业绩信誉、针对项目的服务方案(投融资方案、项目公司组建方案、建设方案、运维方案、移交方案等)、响应报价等要素。采用综合评分法的响应性文件评分标准体系一般涵盖商务部分、技术部分和报价部分。

(1)商务部分

商务部分的指标设置主要用以评判社会资本是否符合采购文件规定的资格要求,一般包括:法人代表身份证明、社会资本的基本信息、资质证明、商业信誉、业绩经验、财务状况及资金实力、服务及质量承诺、人员配置等。

（2）技术部分

技术部分主要考察社会资本的技术实力，如设计施工技术方案是否符合国家及地方相关规范标准，运营维护管理是否满足产出要求，组织流程设计是否合理、可行，污水处理技术工艺是否科学、绿色、可持续。一般包括：污水处理设施及配套管网设计方案、施工方案、施工组织及进度计划、污水处理厂及管网运营维护措施、污水处理工艺设计、安全管理及应急预案等。

（3）报价部分

价格指标通常可分为核心报价指标和报价参数指标。

① 核心报价指标。污水处理 PPP 项目核心报价指标通常是指社会资本在响应文件中投报的污水处理服务单价、管网年度使用费单价、政府付费额、政府补贴额等直观反应项目价格水平的指标。

② 报价参数指标。报价参数指标是用来辅助计算核心报价指标的现实依据，如建安工程费下浮率、污水处理设施运维成本（药剂费、动力费、人员工资及福利、污泥处置费、修理费、清淤费、栅渣处理费、管理费及其他费用）、配套管网运维成本、年度折现率、合理利润率等。

以某污水处理厂中水回用及管网PPP项目为例，对全体投资申请人递交的响应文件设置的具体评分系统如表 7-2 所示。

某生活污水处理 PPP 项目价格方案评审细则如表 7-3 所示。

表 7-2　某污水处理厂中水回用及管网 PPP 项目响应文件评分系统

序号	评分子项	考核内容	分值
一	技术部分		27
1	总体项目进度计划实施方案	申请人对本项目进度实施计划的详细实施方案： ①按照计划时间开工,进度计划编排合理、可行,关键路线清晰、准确(0~2分); ②针对该项目的关键施工技术、工艺及工程实施的重点、难点有可行的分析和解决方案,对关键技术、工艺有具体描述(0~2分); ③针对本项目特点制定完善的质量保障措施且经济可行(0~1分)	5
2	财务方案	①财务方案的完整性和合理性(0~1分); ②申请人对本项目资本金的整体安排、出资能力、落实情况(0~2分); ③申请人对本项目成本预测及分析、污水处理服务单价(综合包干单价)的测算分析情况(0~2分)	5
3	人员配备方案	对项目公司的组建总体描述、法人治理安排、中层以上岗位职责和技术人员配备合理性进行评审,满分3分	3
4	职工安置补充方案	配合落实政府方制订的职工安置方案,给予职工更有利安置待遇、职业发展等的补充内容合理可行,满分2分	2
5	项目运营方案	对项目公司运营污水处理厂方案的可行性、科学性进行评审。 【一般】:0~2分;【良】:3~4分;【优】:5~7分	7
6	项目移交方案	根据本项目特点和其他实际情况编制初步的项目移交方案,包括移交的时间安排、程序以及移交内容。 【一般】:0~1分;【良】:2~3分;【优】:4~5分	5

序号	评分子项	考核内容	分值
二	商务部分		43
1	业绩经验	①规模为≥2 万吨/日污水处理厂项目类似模式的实施经验,提供污水处理厂项目投资、设计、建设、运营经验和业绩的证明材料(提供中标通知书或合同原件)。[项目业绩:10 万吨/日以下(含 10 万吨/日)每增加 1 个加 2 分;10~50 万吨/日每增加 1 个加 3 分;50~100 万吨/日每增加 1 个加 4 分;100 万吨/日每增加 1 个加 5 分,上述累计加到 18 分为止(超过 18 分以上以 18 分计)]。 ②研发能力。获国家科技进步奖得 4 分,省级以上高新企业得 2 分(提供证书原件)。 ③获得与水务(包括供水、污水处理、水污染防治等涉水领域)相关的奖励(提供证书原件)。[每获得 1 个国家级或鲁班奖得 2 分,每获得 1 个省级奖励得 1 分,满分 3 分,超过 3 分以上以 3 分计]	25
2	污水处理厂技术方案	评估申请人污水处理厂的工艺优化建议的科学性、合理性和可行性以及运营维护计划和安排、应急预案、为提高管理水平拟采取的措施等。考察申请人污水处理厂保险方案设计、安排和落实情况: ①相关技术资料,包括但不限于可研报告、工程设计文件、运营方案等的完整性及科学性。 ②污水处理厂技术方案,包括但不限于污水处理厂工艺优化方案、运营维护方案及保险方案(根据对特许经营期的风险分析,研究和设计合理可行的保险方案)等的完整性及可行性。 ③污水处理厂的工艺优化建议的科学性、合理性和可行性以及运营维护计划和安排、应急预案、为提高管理水平拟采取的措施等;考察申请人污水处理厂保险方案设计、安排和落实情况 一般:0~4 分;良:4~7 分;优:8~12 分	12
3	资产负债率	近三年平均资产负债率<40%得 6 分;65%≥资产负债率≥40%得 3 分;资产负债率>65%得 0 分(提供审计报告原件)	6
三	报价部分		30
1	污水处理服务费单价	采用低价优先法计算,即以满足磋商文件要求且最后报价最低的供应商的价格为基准价,其价格分为满分,其他供应商报价以公式计算,最高限价为 1.90 元/吨;磋商报价得分=(磋商基准价/最后磋商报价)×价格权重×100	30
	合计		100

表 7-3　某生活污水处理 PPP 项目价格方案评审细则

序号	指标属性	指标名称		投标限值
一	竞价指标	生活污水处理服务单价(含设施建设、运维)(元/m³)		1.76
		管网年度使用费单价(元/公里)		9469
1	报价参数	建安工程费下浮率	新建污水处理设施建安工程费下浮率	
			在建污水处理设施建安工程费下浮率	
			在建配套管网工程费下浮率	
2		工程建设其他费用		4010.53 万元
3		预备费用		4684.85 万元
4		污水处理设施运营维护成本	药剂费	91.25 万元
			动力费	581.31 万元
			人员工资及福利费	244.8 万元
			污泥处置费	53.38 万元
			修理费	247.98 万元
			水质检测费	170.00 万元
			化验费	68.00 万元
			管理费及其他费用	72.84 万元
			小计	1529.56 万元
5		配套污水管网运营维护成本		325 万元
6		年度折现率		5.63%
7		合理利润率		6%

第8章 财务测算

8.1 财务测算目的及意义

财务测算通常包括评估PPP项目全生命周期内各年经营情况及其总体财务指标(包括分析和评估项目总投资、借款及利息、运营成本、收入及税金、利润、现金流量、政府补贴、财务内部收益率、投资回收期等财务指标)。

财务测算以定量分析的数学手段对上述财务指标进行分析,为污水处理PPP项目的主体双方提供明晰的财务数据,便于政府方和社会资本方能直观获取项目财务收支情况和盈利水平。

对社会资本方而言,财务测算为其全面清晰地了解项目收支和投资收益情况提供了数据支撑。社会资本方可通过建设投资、建设期利息、项目资本金、融资成本、经营收入、总成本费用、政府补贴、现金流量、内部收益率和合理利润率等指标,为衡量项目投入产出、运营收益、风险分配是否合理可行获取依据,以此判断是否参与和响应该项目。

对政府方而言,PPP项目财务测算可为项目采购环节提供可靠的财务依据支持。实施机构除对污水处理PPP项目实施方案的可行性、物有所值和政府承受能力进行定性论证外,还需对项目相关指标进行量化分析,只有通过财务测算得出的经济参数如税前内部收益率、税后内部收益率、投资回收期、营业收入、可行性缺口补助或政府付费额度、增值税及附加、经营成本、还本付息额、总成本费用、利润总额、所得税等合理可行,项目才能通过评审进而开展采购环节的工作。

8.2 财务测算报表构成

财务测算报表主要由总投资估算表,总投资使用计划与资金筹措表,营业收入、税金及附加估算表,借款还本付息表,折旧摊销估算表,总成本费用表,利润与利润分配表,投资现金流量表和资本金现金流量表等九大类表格组成。

8.2.1 总投资估算表

总投资估算表主要反映污水处理PPP项目建设全过程各项投资支出经济指标,项目总投资主要包含工程费用、工程建设其他费用、预备费、专项费用、建设期利息和流动资金等子目。项目总投资估算表如表8-1所示。

(1)建设投资

按概算法分类,建设投资主要由工程费用、工程建设其他费用、预备费和专项费用四部分构成。工程费用主要由建筑工程费用、安装工程费用和设备及工器具购置费三部分组成;工程建设其他费用是指为保证项目顺利完工并投入使用,按规定在建设全过程中投资支付并构成建设项目总概算或单项工程综合概算的各项费用,主要包括建设用地费、建设管理费、建设项目前期工作咨询费、勘察设计费、场地准备及临时设施费、招标代理服务费、造价咨询服务费等费用;预备费是指在工程建设阶段可能发生而又难以事先预料的费用支出,包含基本预备费和涨价预备费,其中基本预备费通常按工程费用与工程建设其他费用之和的 5%~10% 计取。

表 8-1 项目总投资估算表

序号	费用名称	估算值
1	工程费用	
2	工程建设其他费用	
3	预备费	
4	专项费用	
5	建设投资(1+2+3+4)	
6	建设期利息	
7	流动资金	
8	建设总投资(5+6+7)	

(2)建设期利息

建设期利息的计算需根据资金使用计划,以各年建设投资安排为基础进行计算,各年度建设期利息计算表达式为:

$$e_t = (P_{t-1} + Q_t) \cdot i$$

式中:e_t——建设期第 t 年的利息;

P_{t-1}——建设期第 $t-1$ 年末累计贷款金额与利息之和;

Q_t——建设期第 t 年贷款金额的 50%,假定贷款发生在年中;

i——银行贷款年利率。

(3)建设总投资

污水处理 PPP 项目实施方案中,财务测算部分的建设总投资通常为经批复的可行性研究报告中的投资估算,其值等于建设投资、建设期利息与流动资金三部分之和,即:

建设总投资=建设投资+建设期利息+流动资金 =工程费用+工程建设其他费用+预备费+专项费用+建设期利息+流动资金

8.2.2 总投资使用计划与资金筹措表

污水处理 PPP 项目总投资使用计划与资金筹措表是基于总投资估算对项目资金使用性质与筹措方案进行的详细说明,主要包含项目总投资和资金筹措两大项目类别。其中,资金筹措又可细分为用于开发建设投资、建设期利息、流动资金的项目资本金和债务资金两类。总投资使用计划与资金筹措表如表 8-2 所示。

表 8-2　总投资使用计划与资金筹措表

序号	项目名称	合计	建设期		
			第 1 年	…	第 n 年
1	项目总投资				
1.1	建设投资				
1.2	建设期利息				
1.3	流动资金				
2	资金筹措				
2.1	项目资本金				
2.1.1	用于开发建设投资				
2.1.2	用于建设期利息				
2.1.3	用于流动资金				
2.2	债务资金				
2.2.1	用于开发建设投资				
2.2.2	用于建设期利息				
2.2.3	用于流动资金				

8.2.3　营业收入、税金及附加估算表

营业收入、税金及附加估算表是反映污水处理 PPP 项目现金流入来源及增值税、城市维护建设税、教育费附加、地方教育附加等相关税费的主要财务测算表格。营业收入、税金及附加估算表如表 8-3 所示。

表 8-3　营业收入、税金及附加估算表

序号	项目名称	合计	计算期		
			第 1 年	…	第 n 年
1	收入				
1.1	营业收入				
1.2	可行性缺口补助/政府付费				
2	增值税				
2.1	销项税额				
2.2	进项税额				
3	税金及附加				
3.1	城市维护建设税				
3.2	教育费附加				
3.3	地方教育附加				
4	增值税及附加（2+3）				

（1）收入

根据设定的回报机制和付费模式不同，污水处理PPP项目收入来源可分为来自使用者付费的营业收入、政府付费以及可行性缺口补助。

使用者付费是由向城镇排水与污水处理设施排放污水、废水的单位和个人依据污水排放量和污水处理单价缴纳支付相应数额的污水处理费。对于政府付费和可行性缺口补助，财政部关于印发《政府和社会资本合作项目财政承受能力论证指引》的通知第十六条关于政府付费项目和可行性缺口补助项目政府在运营期间年度支出责任的测算公式可知，政府付费和可行性缺口补助模式下当年运营补贴支出计算表达式如下：

$$政府付费年度支出数额=\frac{项目全部建设成本×(1+合理利润率)×(1+年度折现率)^n}{财政运营补贴周期(年)}$$
$$+年度运营成本×(1+合理利润率)$$

$$可行性缺口补助年度支出数额=\frac{项目全部建设成本×(1+合理利润率)×(1+年度折现率)^n}{财政运营补贴周期(年)}$$
$$+年度运营成本×(1+合理利润率)-使用者付费$$

由于此种付费方式是基于政府方角度出发，政府前期财政投入较少，后期投入逐渐增多，可以减缓财政部门的支出压力，但对于社会资本而言，前期回收资金较少不利于项目的运转和资金流动，无形中增加了社会资本的资金使用风险。基于上述考虑同时兼顾政府财政平滑支出，可设定等额年金的政府付费、可行性缺口补助的年度支出公式，表达式如下：

$$政府付费年度支出数额=建设成本年金×(1+资产可用性回报率)+年度运营成本$$
$$×(1+运维投资回报率)$$

$$可行性缺口补助年度支出数额=建设成本年金×(1+资产可用性回报率)+年度运营成本$$
$$×(1+运维投资回报率)-年度使用者付费$$

其中：

$$建设成本年金=\frac{建设总投资×年度折现率×(1+年度折现率)^n}{(1+年度折现率)^n-1}$$

在确定年度折现率时，根据《政府和社会资本合作项目财政承受能力论证指引》可知，年度折现率应参照财政补贴支出发生年份同期地方政府债券收益率合理确定。

（2）增值税

增值税分为进项税额和销项税额两部分。其中销项税额主要来源于运营收入，进项税额主要包含工程费用进项税额、工程建设其他费用进项税额、预备费进项税额、运维支出进项税额（如外购原材料进项税、外购燃料动力进项税等），相关增值税税率可参考《中华人民共和国增值税暂行条例》及《关于调整增值税税率的通知》（财税〔2018〕32号）等相关文件规定。

当期应缴纳增值税=当期销项税额-当期进项税额-期初留抵进项税额

（3）税金及附加

城市维护建设税、教育费附加、地方教育附加的计取以当期应缴纳增值税为计费基数。

8.2.4　借款还本付息表

借款还本付息表是体现社会资本还本付息计划、还本付息方式以及偿债能力的财务报表,主要包括借款及还本付息、还本付息资金来源两大类,借款还本付息表如表 8-4 所示。

表 8-4　借款还本付息表

序号	项目名称	合计	计算期		
			第 1 年	…	第 n 年
一	借款及还本付息				
1	期初借款余额				
2	当期还本付息				
2.1	其中:还本				
2.2	付息				
3	期末借款余额				
二	还本付息资金来源(1＋2＋3＋4－5)				
1	息税前利润				
1.1	利润总额				
1.2	利息支出				
2	折旧费				
3	摊销费				
4	其他资金				
5	所得税				

(1)还本付息

目前社会资本还本付息方式以等额还本付息和最大还款能力两种为主。等额还本付息是指贷款方将自贷款之日起至贷款偿还期止累计贷款本金及利息之和平均分摊至偿还期进行偿还,即社会资本每年偿还的本息为一固定值;按最大还款能力还款是指经营期内每年产生的贷款利息在当期全部偿还,当年产生的税后现金流量全部用于偿还贷款本金。

(2)还本付息资金来源

可用于还本付息的资金包括税后的利润总额、总成本费用中的利息、折旧和摊销费以及其他资金等。

当年还本付息资金＝息税前利润＋折旧和摊销费＋其他资金－所得税＝利润总额－利息支出＋折旧和摊销费＋其他资金－所得税

8.2.5　折旧摊销估算表

污水处理 PPP 项目根据运作模式的选择需对资产进行折旧或摊销处理,在 BOO 模式下,项目作为固定资产计提折旧,其他运作模式下社会资本或项目公司未被授予项目所有权,项目资产应确认为无形资产或金融资产进行摊销。折旧、摊销估算表如表 8-5 所示。

表 8-5　折旧摊销估算表

序号	项目名称	合计	计算期		
			第 1 年	…	第 n 年
1	工程费用				
2	工程建设其他费用				
3	预备费				
4	专项费用				
5	建设期利息				
6	折旧、摊销合计(1＋2＋3＋4＋5)				

折旧、摊销对象包括工程费用、工程建设其他费用、预备费、专项费用及建设期利息等项目总投资的组成费用。

固定资产计提折旧的方法大致可分为两类:直线法和加速折旧法。直线法中使用较频繁的是年限平均法,即将固定资产应计提折旧额平均分摊至固定资产的预计使用寿命内的各个年度;加速折旧法又包含年数总和法和双倍余额递减法,其特点是在固定资产使用寿命期的前期多计提折旧,后期则少计提折旧。

年限平均法年折旧率=(1-净残值)÷预计使用寿命(年)×100%

8.2.6　总成本费用表

污水处理 PPP 项目总成本构成可分为经营成本、折旧和摊销费、利息支出三大子项,总成本费用表如表 8-6 所示。

表 8-6　总成本费用表

序号	项目名称	合计	计算期		
			第 1 年	…	第 n 年
1	经营成本				
1.1	外购原材料费				
1.2	外购燃料及动力费				
1.3	工资及福利费				
1.4	修理费				
1.5	其他费用				
2	折旧和摊销费				
3	利息支出				
4	总成本费用(1＋2＋3)				

(1)经营成本

经营成本是指在特定时间期限内用于生产和销售产品或提供服务而发生的实际现金支出。根据污水处理 PPP 项目的特点,其经营成本主要有污水处理药剂费、电费、员工工资及福利费、污泥处置费、修理费、管理费等。各项经营成本的测算应根据项目实际经济技术参数和外部现实环境,参考同类型项目综合取定。污水处理 PPP 项目的经营成本可按下式计算:

经营成本=外购原材料费+外购燃料及动力费+工资及福利费+修理费+其他费用

(2)总成本费用

总成本费用是指运营期内除经营成本外发生的其他费用支出的总和,其表达式为:

总成本费用=经营成本+折旧和摊销费+利息支出

8.2.7　利润与利润分配表

利润与利润分配表主要反映项目的利润状况及利润的具体分配方案,且为借款还本付息表中还本付息资金来源提供直观的计算数据基础。利润与利润分配表如表 8-7 所示。

表 8-7　利润与利润分配表

序号	项目名称	合计	计算期		
			第 1 年	…	第 n 年
1	营业收入				
2	可行性缺口补助/政府付费				
3	税金及附加				
4	总成本费用				
5	利润总额(1＋2－3－4)				
6	弥补以前年度亏损				
7	所得税				
8	净利润(5－7)				
9	期末未分配利润				
10	提取法定盈余公积金				
11	可供投资者分配的利润(8＋9－10)				
12	应付优先股股利				
13	提取任意盈余公积金				
14	应付普通股股利(11－12－13)				
15	投资各方利润分配 其中:政府方 社会资本方				
16	未分配利润(11－15)				
17	息税前利润(利润总额＋利息)				
18	息税摊销前利润(息税前利润＋折旧和摊销费用)				

(1)利润

利润总额=营业收入+可行性缺口补助或政府付费—税金及附加—总成本费用

净利润=利润总额—所得税

息税前利润=利润总额＋利息

息税摊销前利润=息税前利润＋折旧和摊销费用=利润总额＋利息＋折旧和摊销费用

（2）所得税

所得税是以项目利润总额为计取基数,扣除以前年度亏损后的应纳所得税额乘以相应所得税税率得到的税收,根据《中华人民共和国企业所得税法》第四条相关规定可知,企业所得税适用税率为25%。

所得税计算表达式为:

所得税=（利润总额—以前年度亏损＋所得税调整项）×所得税税率

8.2.8　投资现金流量表

投资现金流量表是涉及污水处理PPP项目全投资现金流状况和反映项目投资财务内部收益率、投资回收期的财务报表,是项目收益水平的重要体现和评价项目是否可行的依据。投资现金流量表如表8-8所示。

表 8-8　投资现金流量表

序号	项目名称	合计	计算期		
			第 1 年	…	第 n 年
1	现金流入（1.1 ＋ 1.2 ＋ 1.3 ＋ 1.4）				
1.1	营业收入				
1.2	可行性缺口补助/政府付费				
1.3	回收固定资产余值				
1.4	回收流动资金				
2	现金流出（2.1 ＋ 2.2 ＋ 2.3 ＋ 2.4）				
2.1	建设投资				
2.2	流动资金				
2.3	经营成本				
2.4	税金及附加				
3	所得税前净现金流量（1 — 2）				
4	调整所得税				
5	所得税后净现金流量（3 — 4）				

（1）现金流入

现金流入是在项目全生命周期内增加的现金收入或支出节约,主要包括营业收入、可行性缺口补助或政府付费、回收固定资产余值、回收流动资金等,其表达式为:

现金流入=营业收入＋可行性缺口补助或政府付费＋回收固定资产余值＋回收流动资金

（2）现金流出

现金流出是项目发生和增加的现金支出,一般可分为建设投资、流动资金、经营成本、税金及附加,其表达式为：

现金流出=建设投资+流动资金+经营成本+税金及附加

（3）净现金流量

根据是否扣除所得税净现金流量可分为税前净现金流量和税后净现金流量,净现金流量是计算税前、税后项目投资财务内部收益率和投资回收期的重要数据来源。

① 投资财务内部收益率

内部收益率(*IRR*)是指计算期内各年净现金流量现值之和等于零时的折现率,其计算表达式为：

$$\sum_{t=1}^{n}(CI-CO)_t(1+IRR)^{-t}=0$$

式中:*CI*——项目现金流入;

　　　CO——项目现金流出。

② 投资回收期

项目投资回收期是指累计净现金流量等于零时的投资回收年限,其计算表达式为：

投资回收期=（累计净现金流量现值出现值的年数-1）+上一年累计净现金流量现值的绝对值÷出现正值年份净现金流量的现值

8.2.9　资本金现金流量表

资本金现金流量表是基于投资者角度,以资本金为出发点反映项目现金流量状况和资本金财务内部收益率等财务指标的财务报表，是评价投资者收益情况的重要参考依据。资本金现金流量表如表8-9所示。

表 8-9　资本金现金流量表

序号	项目名称	合计	计算期		
			第 1 年	…	第 *n* 年
1	现金流入（1.1 + 1.2 + 1.3 + 1.4）				
1.1	营业收入				
1.2	可行性缺口补助/政府付费				
1.3	回收固定资产余值				
1.4	回收流动资金				
2	现金流出（2.1 + 2.2 + 2.3 + 2.4）				
2.1	项目资本金				
2.2	借款还本付息				
2.3	经营成本				
2.4	税金及附加				
3	所得税前净现金流量（1 — 2）				
4	所得税				
5	所得税后净现金流量（3 — 4）				

　　资本金现金流量表中现金流入部分组成项目类别同投资现金流量表中现金流入项相同,且资本金财务内部收益率及投资回收期同投资财务内部收益率及投资回收期在测算原则、计算方法等方面亦相同,仅现金流出构成存在区别。资本金现金流量表中现金流出由项目资本金、借款还本付息、经营成本、税金及附加组成,其表达式为:

　　现金流出=项目资本金＋借款还本付息＋经营成本＋税金及附加

第9章 案例分析

9.1 崇阳县乡镇生活污水处理 PPP 项目实施方案

9.1.1 项目概况

（1）项目名称

崇阳县乡镇生活污水处理 PPP 项目（以下简称"本项目"）。

（2）项目区位

本项目共 11 个污水处理厂，分布在白霓镇、港口乡、高枧乡、桂花泉镇、金塘镇、路口镇、青山镇、沙坪镇、石城镇、铜钟乡、肖岭乡等 11 个乡镇。

（3）建设内容

本项目具体建设内容及规模如表 9-1 所示。

表 9-1 本项目污水处理厂及管网建设规模一览表

序号	乡镇	建设规模（m³/d）	占地面积（m²）	污水管网（km）	雨水管网（km）
1	白霓镇	1700	3375	29.31	9.88
2	青山镇	1100	2275	13.66	3.09
3	沙坪镇	1100	2450	18.84	5.81
4	路口镇	700	1800	8.02	1.92
5	石城镇	700	2450	11.15	3.01
6	桂花泉镇	500	1050	4.58	3.54
7	肖岭乡	500	1050	12.40	0.98
8	金塘镇	300	750	6.89	6.13
9	铜钟乡	300	950	9.50	4.76
10	港口乡	200	650	7.26	4.21
11	高枧乡	200	621	13.60	4.89
	总计	7300	17421	135.21	48.22

（4）投资规模

本项目总投资约为 31454 万元，其中污水处理厂为 5857 万元，管网工程为 25230 万元，流动资金 367 万元。

（5）主要产出

本项目建成后将使崇阳县新增 11 座污水处理厂，135km 配套污水收集管网和 48km 雨水收集管网，日处理污水能力 7300 m³，总体排放标准达到《城镇污水处理厂污染物排放标准》（GB 18918—2002）

一级 A 标准。本项目主要产出如表 9-2 所示。

表 9-2　达标排放水质主要控制指标　　单位:mg/L

项目	pH	COD	BOD5	SS	氨氮	总磷	总氮	大肠杆菌
排水水质	6~9	≤50	≤10	≤10	≤5(8)	≤0.5	≤15	≤1000

(6)资金结构

本项目估算总投资为 31454 万元。项目资金结构如表 9-3 所示。

表 9-3　本项目资金结构表

资金结构	金额(万元)	比例
项目资本金	9436	30%
债务资金	22018	70%
合计	31454	100%

(7)股权结构

崇阳县人民政府授权崇阳县住房和城乡建设局为本项目的实施机构,负责项目准备、采购、监管和移交等工作,并指定崇阳县通达公司作为本 PPP 项目的政府方授权出资代表,与中选社会资本方共同成立项目公司。政府方出资 2359 万元,出资比例为 25%;中选社会资本方出资 7077 万元,出资比例为 75%。项目公司股权结构如表 9-4 所示。

表 9-4　项目公司股权结构表

股权结构	金额(万元)	比例	备注
注册资金	9436	100%	项目公司股东自筹
其中:社会资本方股权	7077	75%	社会资本方自筹
政府方股权	2359	25%	政府方以专项债券出资

9.1.2　风险分配基本框架

根据风险管理的基本理论,PPP 项目风险应由政府和社会资本方分担。而风险分担的原则是任何一种风险都应由最适宜承担该风险或最有能力控制该风险损失的一方承担,符合这一原则的风险分担是合理的,可以取得双赢或多赢的效果。故本项目风险分配的基本框架如表 9-5 所示。

9.1.3　运作方式

(1)运作方式选择

本项目共包含 11 座新建污水处理厂及配套管网,全部为新建项目,社会资本方需要承担建设运营和融资工作,合作期满需要将项目资产及相关权益移交给政府或其指定机构。根据上述特点,本项目采用 BOT(建设—运营—移交)运作方式。本项目合作期限为 30 年。其中建设期为 1 年,运营维护期为 29 年。

表 9-5　本项目风险分配基本框架

风险类型	政府方承担	社会资本方承担	共同承担
法律法规风险			√
财税政策风险			√
产业政策分析			√
利率水平风险		√	
汇率变化风险		√	
通货膨胀风险		√	
物资供应风险		√	
市场需求风险	√		
费用计收风险	√		
行业政策风险			√
许可审批风险	√		
规划选址风险	√		
供给竞争风险	√		
自然环境风险		√	
公众利益风险			√
土地取得风险	√		
配套设施风险	√		
勘察设计风险		√	
工程超概风险		√	
工程预算风险		√	
工程招标风险		√	
工程建造风险		√	
施工条件风险			√
项目融资风险		√	
运营条件风险		√	
进水水质超标风险	√		
进水水质不达标风险		√	
进水水量过大风险			√
进水水量不足风险			√
运营维护风险		√	
项目管理风险		√	
环境污染风险		√	
项目移交风险			√
项目征收风险			√
不可抗力风险			√
政府信用风险	√		
政府不当干预风险	√		
投资主体变动风险		√	
社会资本方信用风险		√	

（2）项目运作框架

崇阳县人民政府授权崇阳县住房和城乡建设局为项目实施机构,由实施机构按照政府采购管理相关规定,依法组织开展社会资本方采购工作,确定中选社会资本方,并与中选社会资本方签署 PPP 项目合同。崇阳县通达公司作为本项目政府方出资代表,与中选社会资本共同成立项目公司。项目公司注册地点为崇阳县,项目公司组织形式为有限责任公司,项目公司全面负责项目的投资、建设、运营维护工作,并在合作期满时将项目无偿移交给政府或其指定机构。崇阳县财政局依据实施机构对项目的绩效考核结果对项目公司付费。社会公众向项目范围内排放生活污水,缴纳一定的污水处理费,同时社会公众对项目公司进行监督。本项目运作框架如图 9-1 所示。

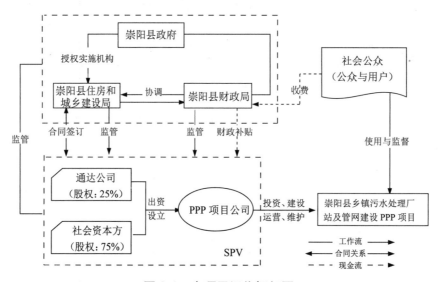

图 9-1　本项目运作框架图

9.1.4　交易结构

（1）项目投融资结构

① 项目资本金

按照《国务院关于调整和完善固定资产投资项目资本金制度的通知》（国发〔2015〕51 号）规定,本项目资本金比例定为项目总投资的 30%。

② 债务资金

本项目总投资除资本金外,不足的部分使用债务资金,债务资金为项目总投资的 70%,项目资本金来源为政府方出资代表出资和中选社会资本方出资按照 25%∶75% 的比例分配。

债务资金优先使用政府专项债券,不足部分由项目公司负责融资。对此,崇阳县人民政府为本项目申请了湖北省污水处理专项债券,专项债券用于支付管网和厂站的建设投资支出。项目公司对外融资可通过银行贷款、股东借款等方式完成。

考虑到本项目融资需要,项目公司经实施机构同意可将 PPP 项目合同的相关权益抵押给银行等金融机构。项目公司可用于抵押的相关权益包括但不限于政府补贴等预期收益。

（2）项目回报机制

① 征收的污水处理费

根据财政部、国家发展改革委、住房和城乡建设部出台的《污水处理费征收使用管理办法》（财税〔2014〕151号）规定："使用公共供水的单位和个人,其污水处理费由城镇排水主管部门委托公共供水企业在收取水费时一并代征,并在发票中单独列明污水处理费的缴款数额。"本项目污水处理费的征收按该办法执行。

② 专项债券

依据《湖北省乡镇生活污水处理PPP项目操作指引(试行)》(鄂建文〔2017〕57号)规定,专项债券作为政府方对项目的投资补助,用于项目建设。在确保污水厂与污水管网建设、运行责任统一、统一核算总投资的前提下,专项债券可用于提前支付污水管网的建设投资,仍有余额可用于提前支付部分污水处理厂的建设投资。PPP项目付费测算中,用专项债券提前支付的建设投资不应计算资金成本。

③ 财政资金

征收的污水处理费和专项债券不足以使社会资本方收回建设成本并获得合理回报的部分,由政府财政资金进行补贴。

（3）污水处理费相关

① 污水处理服务费单价的确定

污水处理服务费单价等于厂站部分可用性付费与运维绩效付费之和除以污水处理量。

污水处理服务费单价

$$P = \frac{厂站部分可用性付费+厂站运维绩效付费}{设计污水处理量}$$

$$= \frac{厂站建设成本\times(1+合理利润率)\times年度折现率\times(1+年度折现率)^n+当年运营成本\times(1+合理利润率)}{设计污水处理量}$$

$$= P_{可用性}+P_{运维} = P_{可用性}+P_{运维固定}+P_{运维可变}$$

在采购阶段,社会资本方报价时对污水处理费单价P进行报价,同时对厂站部分建设成本和运营成本分别进行报价,由此计算得出的P可用性在计算政府实际付费额时不再进行调整,即厂站部分每年的可用性付费额为$P_{可用性}\times7300\text{m}^3/\text{d}\times365\text{d}$。运营成本中的固定成本和变动成本分别报价,且固定成本不得超过运维成本的60%。

② 污水处理服务费单价的调整

运营期调价机制主要体现在运营成本的变化对政府每年向项目公司补贴金额的影响,未来根据经济环境变化与市场趋势变化,参考物价指数等因素,建议价格每两年进行调整一次,具体针对运营成本进行调整,由政府方与社会资本方另行协商进行调整。运营维护成本补贴调价计算公式:

$$\Delta P = P_0 \times [A + (B_1 \times \frac{F_{t1}}{F_{01}} + B_2 \times \frac{F_{t2}}{F_{02}} + \cdots + B_4 \times \frac{F_{t4}}{F_{04}}) - 1]$$

式中: ΔP——需要调整的运营维护服务费的差额;

　　　 A——定制权重(不变因子的权重,即项目运维费用中的其他费用所占权重);

　　　 B_1、B_2、B_3、B_4——各可调因子(即人工工资、外购药剂等原材料、外购燃料和动力费、管理费)

的变值权重,为各可调因子在运维成本分析中所占的比例;

F_{t1}、F_{t2}、F_{t3}、F_{t4}——各可调因子的第 t 年的价格指数,指约定的付款相关周期最后一天的前 42 天的各可调因子的价格指数,可调因子分别为人工工资、外购原材料、外购燃料和动力费(以电费表示)、管理费;

F_{01}、F_{02}、F_{03}、F_{04}——各可调因子的基本价格指数,指基准日期的各可调因子的价格指数,可调因子分别为人工工资、外购原材料、外购燃料和动力费、管理费。

以上价格调整公式中的各可调因子、定值和变值权重,以及基本价格指数及其来源在投标时确定,非招标订立的合同,由合同当事人在合同条款中约定。价格指数应首先采用工程造价管理机构发布的价格指数,无前述价格指数时,可采用工程造价管理机构发布的价格代替。本项目水价各组成因素的初始权重如表 9-6 所示。

表 9-6　污水处理服务费单价各组成因素初始权重表

序号	水价组成因素	各组成因素单价	占比
1	人工工资	0.28	18.92%
2	药剂费	0.08	5.41%
3	动力费	0.60	40.54%
4	污泥处置费	0.06	4.05%
5	修理费	0.30	20.27%
6	管理费	0.06	4.05%
7	利润	0.07	4.73%
8	税金	0.03	2.03%
	合计	1.48	100%

(4)定价调整机制

PPP 项目的投资规模较大,合作周期长,影响成本变化的因素多。因此,PPP 项目收费定价标准应根据项目合作期间影响成本变化的特定因素,设定相应的调价条件(如调价周期、调价因素的变化幅度)及调价启动机制。当达到约定的调价条件时,项目公司可向政府或其指定机构申请启动调价程序,并按 PPP 项目合同约定的调价方法制定调价方案,由政府或其指定机构组织相关政府部门审核通过后调整价格。

常见的影响成本变化因素有:消费者物价指数、生产者物价指数、劳动力市场指数、利率变动、汇率变动等。调价因素的选择要根据项目的性质和风险分配方案确定,并综合考虑该因素能否反映成本变化的真实情况并且具有可操作性等。

(5)相关配套安排

由政府或政府指定的实施机构崇阳县住房和城乡建设局负责向项目公司提供满足开工条件的相关建设用地(土地使用权属于政府或项目实施机构),并负责项目征地、拆迁工作,办理相关手续。征地拆迁相关费用由项目公司支付,计入项目总投资。

由政府负责向项目公司提供满足本项目建设及运营需要的水、电、气和道路等相关配套设施。项目建设及运营需要的水、电、气和道路的接口位置及接口条件在 PPP 项目合同中约定。

由项目公司提供满足项目所需的污水计量装置,修建厂外的污水管网及雨水管网,并将污水输送至 11 个乡镇污水处理厂,接口位置及接口条件在 PPP 项目合同中约定。由政府负责提供污泥堆放场地和污泥处理等其他上下游服务。

9.1.5　合同体系

(1)PPP 项目合同

PPP 项目合同由项目实施机构和中选社会资本签署,股东协议由政府方出资代表与中选社会资本方签署。确定中选社会资本后,项目实施机构与中选社会资本方签署 PPP 项目合同,待成立项目公司后,由项目公司书面确认承继 PPP 项目合同。

(2)其他合同

其他合同包括项目公司与金融机构签署的融资合同、与施工单位签署的工程总承包合同、与原料/设备供应商签署的原料/设备采购合同、与保险机构之间签署的保险合同、实施机构与监理单位签署的工程监理合同、与咨询机构签署的工程咨询合同等。

9.1.6　监管架构

(1)授权关系

本项目由崇阳县人民政府授权崇阳县住房和城乡建设局作为本项目的实施机构,负责实施项目准备、采购、监管和移交等工作。同时授权崇阳县通达公司为本项目政府方出资代表,并依法参股项目公司。

政府直接或通过项目实施机构,将本项目的特许经营权授权给社会资本方(项目公司),由社会资本方(项目公司)负责本项目的建设、运营维护、更新改造等工作。

(2)监管方式

① 履约管理

在合同履约阶段,崇阳县住房和城乡建设局作为 PPP 项目合同签约主体的一方,有权对签署 PPP 项目合同的相对方(社会资本方或项目公司)的履约情况(包括设计、投资、融资、建设、运营维护和资产移交)进行检查、评估和考核,并对其进行全面监督管理。政府或政府授权机构应全面梳理社会资本方或项目公司的合同义务及履行合同义务的时间、地点、方式、应达到的数量和质量标准,按时对社会资本方或项目公司履行合同义务的时间、地点、方式、应达到的数量和质量标准进行检查、评估和考核,并对其进行全面监督管理。

② 行政监管

行政监管包括发改、财政、环保、国土、国资、住建、物价、电力、城管、公安、工商等部门对本项目的行政监管。主要是在项目前期承担各类审批职责,并在各自职权范围内发挥监管作用。其具体监管内容包括采购监管、设计及造价监管、融资监管、建设监管、运营维护监管和移交监管等。

③ 公众监督

建立舆论监督和委托第三方监督工作机制,建立健全社会监督网络和舆论监督反馈,形成有效的、完善的社会监督。为保障公众知情权,接受社会监督,PPP 项目合同中明确约定项目公司依法公开披露相关信息的义务。关于信息披露和公开的范围,一般原则是除法律明文规定可以不予公开的信息外(如涉及国家安全和利益的国家秘密),其他的信息均应依据法律法规和项目合同约定予以公开披露。

(3)绩效考核

① 可用性绩效考核标准

本项目可用性绩效考核标准如表 9-7 所示。

表 9-7　本项目可用性绩效考核标准

序号	考核内容	分值	考核说明
1	符合规划要求	15 分	符合要求得满分,不符合情况视项目具体情况适当扣分
2	符合设计要求	15 分	符合要求得满分,不符合情况视项目具体情况适当扣分
3	符合建设工程质量要求	45 分	本项分数以工程质量评定的分数乘以本项指标权重计入可用性绩效考核得分
4	符合项目产出说明	25 分	符合要求得满分,不符合情况视项目具体情况适当扣分

② 运维绩效考核标准

本项目运维绩效考核标准如表 9-8 所示。

表 9-8　本项目运维绩效考核标准

考核指标	考核说明	评分标准	分数	责任人
出水水质	出水水质达到《城镇污水处理厂污染物排放标准》(GB 18918—2002)一级 A 标准	以 COD、BOD、氨氮、总磷、SS、总氮 共 6 项指标进行考核。一项不达标为一天不达标,一天不达标扣 2 分,扣完为止	30	
污水处理量	(1)厂站进出水口设置在线计量装置;(2)出水量达到进水量 85% 以上	进出水口有在线计量装置每个得 3 分,最高得 6 分;出水量达到进水量的 85% 得 6 分,达到 80% 得 3 分,低于 80% 不得分	12	
污泥处置量	污泥安全处置率=[(干化、焚烧、卫生填埋、堆肥等污泥安全稳定化处置或资源化利用)总量/污泥总量]×100%	得分=8×污泥安全处置率	8	
在线监测仪表	现场查看与环保部门联网的在线 COD 监测仪、流量计等运行状况;现场查看工艺流程中指导生产的在线仪表如液位计、pH 计、DO、浊度仪等检测点是否按工艺要求布设,显示是否正常,仪表的完好率不应小于 70%,仪表的运转率不应小于 80%	(1)在线仪表按工艺要求布设,且工作正常,得 4 分;(2)每有一套在线仪表不按工艺要求布设,扣 1 分,扣完为止;(3)每有一套在线仪表工作不正常的,扣 1 分,扣完为止;(4)在线仪表的完好率、运转率达不到 90% 的,扣 1 分,达不到 80% 扣 3 分,达不到 70% 扣 6 分	22	
应急预案	应急预案应包括水质、管道、电器、停电等突发事故及火灾、爆炸、中毒等重大安全事故的预案,并根据实际情况,定期组织演练	(1)建立完善的污水处理厂应急预案,并定期组织演练,得 6 分;(2)有应急预案,无定期组织演练得 3 分;(3)无应急预案不得分	6	
空气质量	污水处理厂站周围 5 m 范围外不得有异味	异味持续 1 天扣 1 分,至多扣 10 分	10	
公众满意度	项目公司应保证项目正常运营,并接受公众监督	每接到一次群众举报扣 2 分,至多扣 12 分	12	
合计			100	

9.1.7　社会资本方采购

（1）项目采购流程

本项目采购社会资本方的采购方式为竞争性磋商，其具体流程如图 9-2 和图 9-3 所示。

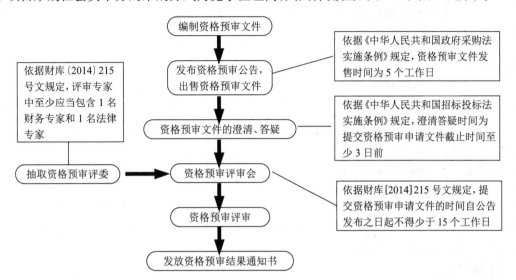

图 9-2　本项目资格预审流程图

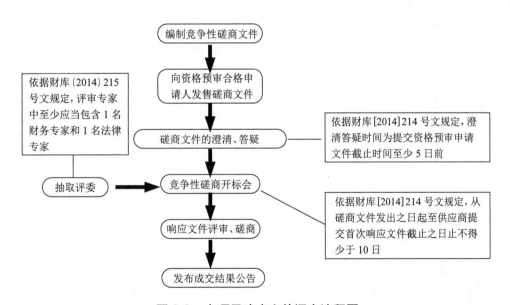

图 9-3　本项目响应文件评审流程图

（2）项目采购指标

本项目响应文件的评审采用综合评估法。综合评估法评价指标的内容包括：融资方案、建设方案、项目运营和移交方案以及商务报价等具体指标。融资方案可以通过投标人的自身资金能力、筹资渠道、投融资经验、融资后资金融通的持续性与可靠性设置指标；建设方案可以通过投标人的组织管理机构能力和建设施工能力设置指标；运营方案可以通过投标人运营维护项目的能力和盈利能力设置指标；移交方案可以通过投标人的移交方案、项目的完整性与完全性、移交后的期限内缺陷维修责任等设置指标;商务报价应当根据实施方案审批的相关参数设置,具体指标见表9-9所示。

表 9-9　本项目采购商务评审指标设置表

序号	指标属性	指标名称	指标限值	备注
1	投标报价	污水处理服务费单价	3.02 元/m³(上限)	评审指标,包含厂站部分可用性付费与运维绩效付费
2		管网年度使用费单价	10.86 万元/(km·年)(上限)	评审指标
3	投标报价计算参数	厂站部分建安工程费		投标人根据各自工艺方案自行测算
4		厂站部分年度运营成本		写明固定成本与可变成本各为多少,且固定成本不得超过运营成本的60%
5		管网年度维护成本		
6		建安工程费下浮率		
7		年度折现率		
8		合理利润率		
9		融资利率		

9.1.8　财务测算

(1)项目总成本测算

本项目特许经营期 30 年,建设期 1 年,运营期 29 年。项目设计日处理规模 7300m³/d,每年正常商业运营日按 365d 考虑,达产后年污水处理量为 7300 m³/d。考虑污水厂服务区域逐步发展,本测算保守估计污水量增长,各乡镇污水处理厂商业试运行期间(不超过 90d)不约定基本水量。满负荷运行时各项成本费用测算如下:

① 电费

电价按 0.85 元/度计算,正常年份年耗电 189.18 万度,年电费 160.80 万元。

② 药剂费

药剂主要包括聚丙烯酰胺 PAM、聚合氯化铝 PAC 等,正常年份年药剂费估算为 21.06 万元。

③ 污泥处置费

根据每天污泥处置量计算年污泥处置费为 16.99 万元。

④ 工资及福利

污水处理厂员工按 28 人计算,年工资及福利费用估算为 73.30 万元。

⑤ 修理费

年修理费(含大修)按设备购置费的 5% 估算为 80.62 万元。

⑥ 管理费

年管理费取工资及福利费的 20%,为 14.66 万元。

⑦ 管网运营维护费

参考《市政公用设施建设项目经济评价方法与参数》中对排水项目固定资产修理费率取值为 2%~3%,此处只考虑管网部分维护成本,不含污水处理厂站部分、管网中的提升泵站等含有维护频率较高的设备,并统筹考虑管网维护所需的材料费、人工费等,此处管网运营维护取建设投资的1%,不再单独计算材料费、人工费等其他费用。管网系统建设投资为24802.39万元,管网系统年维护费用为248.02万元。

⑧摊销费

本项目建设投资形成的资产所有权归政府所有,在合作期内,项目公司拥有项目的运营权,项目资产为项目公司的金融资产。项目总投资形成的金融资产在运营期内进行摊销,每年摊销额为1071.97万元。

⑨利息支出

本项目债务资金在运营期内采用等额本息的方式进行还款。

(2)污水处理服务费单价测算

本项目测算污水处理服务费单价时,仅测算厂站部分建设成本和运维成本之和对应的污水处理服务费单价。设定的污水处理量为设计规模7300m³/天,项目全部建设成本为31193万元,运维成本为367.43万元/年,厂站部分可用性付费和运维绩效付费额之和为804万元/年,此时的污水处理服务费单价为:

$$污水处理服务费单价=\frac{厂站部分政府付费额}{设计日处理污水量\times365d}=\frac{804\ 万元}{7300m^3\times365d}$$

(3)管网使用费单价测算

管网部分政府付费额为1992.40万元/年,管网总长度为183.42km,管网使用费单价为10.86万元/(km·年)。

本项目财务测算结果如表9-10所示。

表 9-10　本项目财务测算结果一览表

序号	数据名称	测算结果	备注
1	污水处理服务费单价(含厂站可用性付费与运维绩效付费)	3.02 元/m³	污水处理量为 7300m³/d
2	污水处理服务费单价(仅含厂站运维绩效付费)	1.48 元/m³	污水处理量为 7300m³/d
3	管网使用费	10.86 万元/(km·年)	
4	资本金税前财务内部收益率	7.07%	
5	资本金税后财务内部收益率	6.02%	

9.2　巴林右旗大板镇第二污水处理厂 PPP 项目实施方案

9.2.1　项目概况

(1)项目名称

巴林右旗大板镇第二污水处理厂政府和社会资本合作(PPP)项目(以下简称"本项目")。

（2）项目区位

巴林右旗地处内蒙古东部西拉沐伦河北岸,旗政府所在地大板镇地处内陆,位于东北经济区与环渤海经济区的中介区。本项目位于赤峰市巴林右旗大板镇,服务范围为大板镇和巴林右旗工业园区。

（3）建设内容

本工程属于工业园区环保基础设施建设项目,厂址选定在 G203 以南,S205 以东,查干木伦河以北,污水厂拟占地 67.2 亩(约 44800m²)。本工程服务范围为大板镇和巴林右旗工业园区(东区)内生产污水和生活污水的处理,服务总面积约 18km²。工程建设内容为污水处理场内污水及污泥处理、附属建筑及构筑物。污水处理厂设计处理能力近期 3 万吨/日,远期 6 万吨/日,出水执行《城镇污水处理厂污染物排放标准》(GB 18918—2002)一级 A 标准,计划 2017 年投运。右旗工业园区污水处理厂配套建设长度为 11.8km 的污水进厂干管,以及长度约 2km 的污水厂尾水排水管。

（4）投资规模

本工程项目内容是新建巴林右旗工业园区污水处理厂,项目建设总投资为 7021.55 万元,本投资额为投资估算数额,最终以财政局审定的为准,并以审计局审定的项目公司投资额作为测算污水处理单价及运营补贴的依据。

（5）主要产出

项目主要产出根据大板中心城区原污水处理厂生活污水进水水质,同时根据未来规划入园企业的排水水质需满足《污水排入城镇下水道水质标准》(CJ 343—2010),综合考虑生活污水和工业污水比例确定。考虑污水处理厂出水再生利用的规划,同时结合污水处理厂排放尾水最终受纳水体,确定本污水处理厂出水水质应符合《城镇污水处理厂污染物排放标准》(GB 18918—2002)一级 A 标准。本项目污水处理进出水水质主要指标如表 9-11 所示。

表 9-11　本项目污水处理厂进出水水质指标

参数	BOD_5（mg/L）	COD_{cr}（mg/L）	SS（mg/L）	NH_3-N（mg/L）	TP（mg/L）	TN（mg/L）	pH（mg/L）
进水水质	75	350	250	50	7	70	6.5~8.5
出水水质	10	50	10	5(8)	0.5	15	10

此外,根据当地环保部门要求,污水处理厂处理污泥含水率须不大于 80%,污泥处理采用污泥浓缩+卧螺离心脱水工艺,脱水后污泥外运处置或综合利用。

（6）股权结构

本项目应设立项目公司作为项目融资、建设、运营的主体。资本金按照总投资的 42%测算,全部由将来中选的社会资本投资,政府不持有项目公司股权。

9.2.2　风险分配基本框架

按照风险分配最优化、风险收益对等和风险可控等原则,项目实施中的风险应由最有能力消除、控制或降低风险的一方承担。本项目风险分配基本框架如表 9-12 所示。

表 9-12 本项目风险分配基本框架

	风险类型	政府承担	社会资本承担	共同承担	备注
政治风险	征用和公有化	√			
	审批或延迟	√			
设计风险	设计文献缺陷		√		社会资本负责设计
建设风险	融资失败,融资成本高		√		
	资金不能满足施工进度要求		√		
	施工质量缺陷与隐蔽缺陷		√		
	安全事故		√		
	施工成本超支		√		
	工期延误	√	√		责任方
	发现文物			√	
	工程变更	√	√		责任方
	分包商违约		√		
运维风险	运营成本超支		√		
	运营商违约		√		
	维护成本过高		√		
	维修过于频繁		√		
	运维效率低		√		
	运维技术要求更改	√			
	设计缺陷引起运维不达标	√			
	由于维护人员不遵守规程引起运维不达标		√		
	项目移交时不能满足即时的新要求	√			
法律变更风险	政府可控的法律变更	√			
	政府不可控的法律变更			√	
不可抗力风险				√	

9.2.3 运作方式

(1)运作方式选择

本项目拟采用 BOT(建设—运营—移交)模式运作,巴林右旗政府授权巴林右旗工业园区管理委员会(以下简称"管委会")为本项目实施机构,负责项目准备、采购、监督及移交工作。管委会通过法定程序选择社会资本方,并授予其组建的项目公司特许经营权,由项目公司负责本项目的融资、建设、运营、维护及移交工作,并承担向用户提供服务的责任。根据前期对项目技术经济指标的测算,建议合作期限为 29.25 年,包括建设期 1.25 年,运营期 28 年。

（2）运作方式说明

项目前期工作由管委会负责完成，包括土地预审、环评、立项、地勘等。项目公司（社会资本方）可以对前期工作成果提出合理化建议和意见，并对最终成果予以确认。项目公司设立前由社会资本作为主体开展与银行及有关机构的融资申请、合作事宜谈判等工作。项目公司设立后，社会资本方达成的与实施本项目相关的各项权利义务转由项目公司承担，并由其作为本项目实施主体继续后续工作。项目建设完工后经政府验收通过转入运营期。项目公司按照国家法律法规和 PPP 项目合同约定确保项目资产运营良好，向社会公众提供污水处理服务。政府方根据 PPP 项目合同约定对项目运营进行监管，并向项目公司支付相关费用。本项目合作期满后，项目公司将项目所管理运营的项目资产及附带权利无偿移交给政府。

9.2.4 交易结构

（1）投融资结构

根据《国务院关于调整和完善固定资产投资项目资本金制度的通知》（国发〔2015〕51 号）要求，本项目最低资本金比例为 20%。本项目总投资 7021.55 万元，规模较大，在满足相关法律法规基础上考虑项目公司融资需求，以 42% 资本金比例作为对社会资本方的出资要求。本项目将组建项目公司，中选社会资本方以货币方式出资，所占股权比例为 100%，政府方不参股项目公司，所占股权比例为 0。其余建设资金由社会资本方或项目公司通过银行贷款等方式筹集，具体投融资结构如表 9-13 所示。

表 9-13　本项目建设投融资结构

资金来源		金额(万元)	占比(%)
项目总投资		7021.55	100.00%
资金结构	中央专项补贴	—	0.00%
	地方与社会资本	2949.05	42.00%
	其中：政府出资	0	0.00%
	社会资本出资	2949.05	42.00%
	项目公司(SPV)融资	4072.50	58.00%
	合计	7021.55	100.00%

（2）回报机制

根据财政部《关于推广运用政府和社会资本合作模式有关问题的通知》（财金〔2014〕76 号）要求，本项目经营收益为污水处理服务费收入，由政府付费，污水处理单价参照市场价格水平确定。根据初步测算，项目公司通过收取污水处理服务费回收投资并获取合理利润，不需要财政运营补贴。此外，根据《中华人民共和国预算法(2014 年修正)》，本项目下的污水处理服务费应提请人大审议通过，并纳入巴林右旗财政中长期支出预算(跨年度预算)，也作为项目公司获得污水处理服务费的保障。

（3）污水处理服务费相关测算

① 污水处理量的确定

设计规模：3 万吨/日；

基本水量：运营期第一年为设计水量的 67%，运营期第二至第五年分别为设计水量的 73%、80%、

87%、93%,每一个运营月内日平均分别为 2.2 万吨、2.4 万吨、2.6 万吨、2.8 万吨,第六年至特许期结束,基本水量为设计水量的 100%。污水处理量保底水量由项目实施机构与社会资本方谈判后确定,并在 PPP 项目合同中明确,当实际污水量低于保底水量时,由巴林右旗人民政府按保底水量支付污水处理服务费,超过保底水量时按实际处理量支付污水处理服务费。

② 污水处理单价的确定及调整

污水处理单价:根据测算污水处理单价为 3.36 元/吨;

污水处理单价的调整:在项目运营期内,当影响项目运营成本的重要因素发生变化时,由社会资本方提出申请并报请巴林右旗政府组织环保、发改、财政、住建等部门调查核实后,可按国家相关规定对污水处理单价进行调整。

调价公式:

$$P_n = P_0 \times K$$

式中:n——调价年份;

0——基准年(对于第一次调价,其基准年即为开始商业运营的第一年);

P_n——第 n 年调整后的污水处理服务费价格;

K——污水处理服务费基本单价调价系数,依据以下公式确定:

$$K = C_1 \times (E_n/E_0) + C_2 \times (L_n/L_0) + C_3 \times (C_{hn}/C_{h0}) + C_4 \times (Tax_n/Tax_0) + (M_n/M_0) + C_5 \times (CPI_{n-1}/CPI_0)$$

式中:C_1——电费在价格构成中所占比例;

C_2——人工费在价格构成中所占比例;

C_3——化学药剂费在价格构成中所占比例;

C_4——企业税收在价格构成中所占比例;

C_5——价格构成中除电费、人工费、化学药剂费、污泥处置和企业所得税以外的其他因子在价格构成中所占比例;

E_n——第 n 年时项目公司的电力费用指数;

E_0——基准年时项目公司的电力费用指数;

L_n——第 n 年时巴林右旗统计局编制的《巴林右旗统计年鉴》中公布的"《在岗职工平均工资》——电气、煤气和水的生产和供应"对应的全县职工人均劳动工资水平;

L_0——基准年时巴林右旗统计局编制的《巴林右旗统计年鉴》中公布的"《在岗职工平均工资》——电气、煤气和水的生产和供应"对应的全县职工人均劳动工资水平;

C_{hn}——第 n 年时巴林右旗统计局编制的《巴林右旗统计年鉴》中公布的"《原材料、燃料、动力购进价格指数》——化工原料类"对应的化学药剂平均价格;

C_{h0}——基准年时巴林右旗统计局编制的《巴林右旗统计年鉴》中公布的"《原材料、燃料、动力购进价格指数》——化工原料类"对应的化学药剂平均价格;

Tax_n——第 n 年时项目公司适用的所得税与增值税综合税率;

Tax_0——基准年时项目公司适用的所得税与增值税综合税率;

M_n——第 n 年的污泥处置成本,以巴林右旗政府公布的污泥处置费为基准;

M_0——基准年的污泥处置成本；

CPI_{n-1}——第 $n-1$ 年时巴林右旗统计局编制的《巴林右旗统计年鉴》中公布的"《居民消费价格指数》——总指数"第 $n-1$ 年相对应的指数；

CPI_0——基准年时巴林右旗统计局编制的《巴林右旗统计年鉴》中公布的"《居民消费价格指数》——总指数"前一年相对应的指数。

③ 污水处理服务费的测算

$$污水处理服务费 = 基本污水处理服务费 + 超额污水处理服务费$$

$$基本污水处理服务费 = 污水处理单价 \times 日均基本水量 \times 正常运行期间的日数$$

$$超额污水处理服务费 = 超进单价 \times 超额水量$$

污水处理服务费单价根据以往经验，每两年调价一次。

④ 支付安排

污水处理服务费将根据项目公司处理的污水量计算并支付，采取按日计量、按月计费、按月度支付的办法。

（4）相关调整

考虑到本项目合作期限较长，社会生产力水平等不确定因素较多，本方案建议在政府方和社会资本方之间设置调整机制。当污水处理量、污水进水水质、运营成本等影响项目运营或建设（更新改造）的因素发生重大变动时，双方本着利益共享、风险共担的原则，以保障社会资本方合理利润为前提进行协商，协商从项目商业运营日开始，每四年进行一次，并根据协商结果对污水处理单价及处理量等进行调整。

（5）配套安排

本项目建设期间所需土地使用、进场道路、水电等基础设施以及运营维护期间设计水、电、交通等配套设施由政府方协调提供，所需费用计入建设成本。

9.2.5　合同体系

（1）PPP 项目合同

本项目合同体系主要由 PPP 项目合同施工总承包合同等构成，其中 PPP 项目合同为本项目核心法律文件，由巴林右旗政府授权管委会与社会资本方签订，主要约定项目投资、建设、运营与维护、项目移交及投资收益支付、政府与社会资本方的权利义务、交易结构、风险分配、履约保障等。

（2）其他合同

合同体系中的其他合同主要由社会资本方及其控股的项目公司主导，以 PPP 项目合同为基础，围绕项目实施时展开，包括股东合同、融资合同、工程承包合同、运营服务合同、原料供应合同、产品采购合同、销售合同和保险合同。

9.2.6　监管架构

（1）授权关系

巴林右旗政府授权管委会代表政府办理项目准备、采购、监管和移交等工作。由管委会代表巴林右旗政府与中标社会资本及其设立的项目公司签署项目合同,授予项目公司投资、建设、运营维护本项目的权利。

（2）监管方式

① 履约监管

管委会根据项目合同约定对项目公司在项目合作期内的合同履行情况进行监督管理,定期对项目公司经营情况进行评估和考核。

② 行政监管

巴林右旗发改、财政、环保、审计、物价等部门根据各自职能发挥依法监管作用。各相关部门在政府的统一协调下建立高效的联动机制,对项目公司进行全方位监管。

③ 公众监督

巴林右旗政府就本项目建立公众参与监督机制,实现从经营者到监管者的转变,切实履行从前期准入到项目运营全过程的监管职责。项目公司接受群众投诉,政府主管部门接受群众对项目公司的投诉。

9.2.7　社会资本方采购

（1）采购方式选择

本项目采购需求中核心边界条件和技术经济参数明确、完整,符合国家法律法规及政府采购政策,且采购过程中不做实质性更改。故建议本项目选择公开招标的采购方式。此外,本项目中标、成交的社会资本如果是具有施工总承包资质的施工企业,根据《中华人民共和国招标投标法实施条例》(中华人民共和国国务院令第 631 号)第九条第三款的规定,在项目公司设立之后,可以由项目公司直接与社会资本签署施工总承包合同,避免二次招标,减少人力、物力和财力浪费。

管委会接受巴林右旗政府授权作为本项目的采购人。根据财政部《关于印发<政府和社会资本合作项目政府采购管理办法>的通知》(财库〔2014〕215 号)的要求,PPP 项目采购应当实行资格预审。故本项目应进行资格预审。

（2）招标标的及指标

本项目采购的目的是选中最合适的社会资本方,使政府能够以较小成本提供政府希望为社会公众所提供的产品和服务。根据之前对项目分析测算情况,拟确定将以下指标作为对社会资本投标方案的核心评价指标。

① 污水处理费收费标准:按照基准值下浮率,给予相应加分,但超过一定下限后,根据下降幅度给予相应减分。

② 建设总造价及工期:在规定工期内建成,并确保工程质量的情况下,总造价下浮越多,给予相应加分,但超过一定下限后,根据下降幅度给予相应减分。

③ 运营期限:如投标人愿意将规定运营期延长,应计算运营期改变后财政补贴支出的变化情况,根据测算结果酌情考虑加分(需要考虑给予政府一定分红)。

④ 合理利润率:投标人根据项目情况自行报价,合理利润率不超过 10%,合理利润率越低,分值越

高(建议考虑设置下限)。

(3)评标标准及办法

本项目各项评标因素及权重基本设置如表 9-14 所示。

表 9-14　本项目评标因素及权重表

条款内容	编列内容	
分值构成(总分 100 分)	1.投标人综合实力:40 分; 2.投标人实施方案:30 分; 3.投标报价:30 分	
评分因素	评分标准	
投标人综合实力(40 分)	企业基本简介(10 分) (资质情况,注册资本)	
	企业财务实力(10 分)	
	专业技术力量证明(10 分)	
	类似项目业绩(10 分)	
投标人实施方案(30 分)	融资方案(5 分)	
	运营方案(5 分)	
	施工方案(10 分)	
	移交方案(5 分)	
	保障措施(5 分)	
投标造价(30 分)	合作期限(5 分)	
	工程建安造价下浮率(5 分)	
	合理利润率(10 分)	
	财政补贴总额净现值(10 分)	

9.2.8　财务测算

(1)基本假设

本测算建立在下文所提到的各项前提和假定的基础上,基本前提和假定包括:

① 本项目总投资 7021.55 万元(包括建设期利息 353 万元),建设期为 1.25 年,社会资本出资 2949.05 万元,占总投资比例为 42%,政府出资 0 元,占总投资比例为 0,项目公司融资 4072.50 万元,占总投资比例为 58%。

② 项目合作期限为 29.25 年,其中建设期为 1.25 年,运营期为 28 年。本项目从第 1.25 年开始正式运营,本测算中不考虑各子项目建成时间差异。

③ 根据成本测算及相关标准,假定运营期第一年污水处理量为 2 万吨/d,第二年污水处理量为 2.2 万吨/d,第三年污水处理量为 2.4 万吨/d,第四年污水处理量为 2.6 万吨/d,第六年及以后各年的污水处理量为 3 万吨/d。

④ 项目公司贷款 4072.50 万元,利率以五年期以上贷款基准利率 4.90% 上浮 20% 即 5.88% 计算,

建设期利息为 353 万元。

⑤假设增值税为 17%,根据国家有关政策,本项目估增值税即征即返 70%。城市维护建设税及教育费附加、地方教育费附加分别按增值税的 5%、3%、2% 计征,所得税税率为 25% 且不享受税收优惠。

⑥投资者全部投资额按运营期 28 年直线摊销,无残值。

⑦根据资金筹措方案,还款方式采用项目建成运营后等额偿还本金的方法进行测算,还款期为 10 年。

(2)投资回报测算

根据上述分析,项目总投资 7021.55 万元,28 年运营期经营总成本 38223 万元,缴纳教育及城建附加税 1273 万元,运营期运营总收入 97982 万元。

(3)现金流量分析

根据上述分析,在无政府补贴的情况下,整个项目净现金流量为 36031 万元(税前),说明该项目财务状况良好。项目贷款偿还期为 10 年,项目动态投资回收期为 14.36 年。

(4)项目财务状况

项目建设完成时总资产为 7021.55 万元,股东权益为 2949.05 万元。运营期第一年运营成本为 1058 万元,第二年运营成本为 1127 万元,第三年运营成本为 1195 万元,第四年运营成本为 1264 万元,第五年运营成本为 1333 万元,第六年及以后各年的运营成本为 1402 万元,整个项目其运营成本合计为 38223 万元。

第一年运营收入为 2419 万元,第二年运营收入为 2661 万元,第三年运营收入为 2903 万元,第四年运营收入为 3145 万元,第五年运营收入为 3387 万元,第六年及以后各年的运营收入为 3629 万元,整个项目期运营收入合计为 97982 万元。

教育及城建附加税合计为 1273 万元,增值税为 127323 万元,增值税返还 8913 万元。项目净利润合计为 27776 万元。

本项目财务测算结果如表 9-15 所示。

表 9-15　本项目财务测算结果一览表

序号	数据名称	测算结果	备注
1	污水处理服务费单价	3.36 元/吨	污水处理量为 3 万吨/天(近期)
2	税后项目财务内部收益率	8.54%	
3	投资者自有资本内部收益率	9.47%	

图书在版编目（CIP）数据

污水处理PPP项目实施方案编制实务/王雁然,朱立冬,方俊主编.
—武汉：武汉理工大学出版社,2019.4

ISBN 978-7-5629-6001-0

Ⅰ.①污…　Ⅱ.①王…　②朱…　③方…　Ⅲ.①政府投资—合作—社会资本—应用—污水
处理—方案制定—研究—中国　Ⅳ.①X703

中国版本图书馆CIP数据核字(2019)第073003号

项目负责人：王兆国　　　　　责任编辑：杨万庆
责任校对：张　晨　　　　　封面设计：博壹臻远
出版发行：武汉理工大学出版社
网　　　　址：http://www.wutp.com.cn
地　　　　址：武汉市洪山区珞狮路122号
邮　　　　编：430070
印刷　者：武汉中远印务有限公司
发行　者：各地新华书店
开　　　　本：880mm×1230mm　1/16
印　　　　张：8
字　　　　数：253千字
版　　　　次：2019年4月第1版
印　　　　次：2019年4月第1次印刷
定　　　　价：88.00元

（本书如有印装质量问题,请向承印厂调换）